乾貨
選購食用
圖鑑

張召鋒　編著

序

對於普通大眾而言，“吃”看似一件非常簡單的事情，然而要想吃得安全、健康就不是那麼簡單了。為什麼這樣說呢？任何一種食物，從挑選食材、製作到端上餐桌往往會受到許多天然或人為因素的影響，這些因素的好壞直接關係到食物品質的高低，人們吃得好與不好是受這些因素影響的。 近年來，食品安全與健康問題逐漸成為關注的焦點，大眾對於“吃”也不僅僅停留在追求口感上了，而是會更加注重其來源及營養功效。

蔬菜、水果有沒有噴灑農藥？雞鴨魚肉是否暗藏有害的激素？米麵糧油會不會摻假、摻毒？怎樣保持食物的新鮮度？如何降低食物的有害成分？什麼樣的食物搭配在一起食用更有益健康？

這些都是與選購、保存、清洗、烹飪、食用等息息相關的內容，只有弄清這些問題，才能最大限度地保證自己吃得安全、吃得健康。對於許多人來說，畢竟不是食物的生產者，因此無法從源頭上把握食物的安全性，所以在與食物接觸的時候，需要多留心，多花心思。

為了使廣大讀者能夠輕鬆、有效地掌握食物的安全與健康，本書在選購方面

採取了對比與圖解的方式，幫助大家輕鬆辨別食物的好壞。也從清洗、烹飪、健康吃法以及營養分析等方面為大家詳解食物健康和安全知識，並搭配了不同的小貼士，令內容更加完整。 我所希望的是，這本書能讓大家吃的每一口食物都安全、營養、美味，能為大家創造安全、健康的飲食生活，願大家能從閱讀中一生受益。

在開始看這本書前，請大家先思考一個問題：你吃的食物如何？俗話説"民以食為天"，食物是生命之源，然而這一源泉為提供的並不只是延續生命的物質，還有危害生命的毒物！這些毒物來自許多方面，既有大自然的塵埃、細菌，食物腐壞，疾病，也有農藥、化肥、生長激素、添加劑等化學品。有些毒物是可以通過清洗、加熱等方式清除的，但有些毒物卻深入到了食物內部，為人們的健康埋下了巨大安全隱患。 要想減少這些飲食安全隱患，那就要從日常最容易接觸食物的方面做起，而在日常生活中，與食物距離最近的時候當屬選購、保存、清洗、烹飪和食用了，只要在這些方面中時刻不忘安全和健康，那飲食安全隱患自然會隨之減少。本書專門從上述這些方面入手，詳細講解了如何挑選、保存新鮮又安全的食材，同時告訴大家如何用科學、健康的方法料理食材，幫助大家達到買得放心，吃得安心的目的。

本書以乾貨為主題，分為 5 部分，內容涵蓋五穀雜糧、乾蔬、乾果、海鮮乾貨以及調味品乾貨，都是生活中常見的。書中採用壞對比以及圖文分析的方式，告訴大家選購好食材的方法，為大家提供適合現代家庭實用的保存技巧，同時又從清洗、泡發、烹飪、營養等不同的角度對乾貨作全面的、健康的講解。

此外，本書還從乾貨的細微之處入手補充了一些溫馨 TIPS，比如搭配食用等，意在幫助大家能更加安全、健康地食用乾貨。

本書內容詳細全面，技巧簡單實用，插圖恰當精美，皆在為大家帶來不一樣的閱讀感受，讓讀者能從中獲得知識並應用到實際生活中。

提到乾貨大家似乎很陌生，其實它就是我們熟悉的"陌生人"，只有我們全面地瞭解它，才能收穫到安全和健康。真心希望本書能成為你家中的飲食安全和健康指南，為家庭成員的健康保駕護航。

最後，我要感謝以下朋友，他們有的為本書提供了資料，有的參與了部分小節的編寫，有的為我審核了相關數據，感謝他們的辛勤工作，他們是：陳計華、陳梅、陳偉華、張紅英、劉曉豔、楊文泉、陳楠、張猛、胡瑋、邢立方、杜浩、王俊江、張淑環、王麗、張偉。

目錄

Part 1　五穀雜糧

Part 4　海鮮乾貨

風味海生物

海菜

Part 5　調味品乾貨

香辛料

粉狀調味品

Part 1
五穀雜糧

大米

學　　名	大米
別　　名	稻米、粳米
品相特徵	白白淨淨，呈橢圓形
口　　感	有淡淡的香甜

大米是由人們熟悉的稻穀加工而成的，它不僅是許多國家人民喜愛的主食之一，還為解決全球饑餓問題作出了傑出的貢獻。正因為大米是人們日常生活中重要的糧食之一，因此在購買的時候，大家要精挑細選，篩選安全、健康的大米。

好大米，這樣選

NG 挑選法	OK 挑選法
✘ **顏色發黃**——可能是陳米，有些營養成分遭到了破壞。	☑ 氣味清香
✘ **有橫裂紋**——俗稱"爆腰米"，食用時外熟內生，營養價值低。	☑ 米粒呈乳白色，透明度好
✘ **米粒腹部有小白斑**——不夠成熟，蛋白質的含量非常低。	☑ 整體看來，表面光亮，整齊均勻
✘ **有米糠味甚至霉味**——是陳米，屬次品。	☑ 手感光滑、堅實，摸後手上不沾粉
✘ **形狀殘缺且覆蓋著一層灰粉**——是陳米，口感和營養價值都很低。	

吃不完，這樣保存

保存大米的時候，如果方法不當，很容易出現大米發霉、生蟲等現象，尤其是在夏天，大家更需要注意這些問題。在日常生活中，有些人只是將大米裝在袋子中，不封袋口，這種方法並不可取。

恰當的保存方法是把存放大米的袋子放在沸騰的花椒水中浸泡片刻，等袋子染上花椒的香氣後取出來晾乾，然後將大米裝進去，把袋口綁好，這樣一來，大米就不容易生蟲了。另外，還可以把大米裝入乾燥的食品塑料袋內，將袋內的空氣儘量排空，然後紮緊袋口，放在乾燥、陰涼的地方保存。

這樣吃，安全又健康

清洗

在用大米做飯之前，需要先淘洗大米，將附著在大米表面的細菌和夾雜在米中的雜質清洗掉，以保證大米乾淨又營養。有些人習慣在淘米的時候進行長時間的浸泡，然後再用力搓洗，以為這樣才能將雜質去除乾淨。其實，長時間的浸泡會導致大米中含有的無機鹽大量流失，用力搓則容易讓大米表層的維他命遭到破壞。

一般來說，現在的袋裝大米表面附著的雜質比較少，所以在淘洗大米的時候，只需要快速地淘兩遍就可以了。

健康吃法

大米中含有豐富的碳水化合物、維他命等營養物質，有健脾養胃、防治便秘、腳氣病及口腔炎的功效。此外，它還是一些愛美人士減肥的首選主食。需要注意的是，糖尿病患者要控制對精大米的攝入量，以免引起血糖升高。

大米的搭配：

大米 + 桂圓——前者可以健脾養胃，後者能夠補血安神，兩者一起食用，可以起到滋補元氣的作用。

營養成分表（每 100 克含量）

熱量及四大營養元素

熱量（千卡）	脂肪（克）	蛋白質（克）	碳水化合物（克）	膳食纖維（克）
346	0.8	7.4	77.9	0.7

礦物質元素（無機鹽）

鈣（毫克）	13
鋅（毫克）	1.7
鐵（毫克）	2.3
鈉（毫克）	3.8
磷（毫克）	110
鉀（毫克）	103
硒（微克）	2.23
鎂（毫克）	34
銅（毫克）	0.3
錳（毫克）	1.29

維他命以及其他營養元素

維他命 A（微克）	-
維他命 B_1（毫克）	0.11
維他命 B_2（毫克）	0.05
維他命 C（毫克）	-
維他命 E（毫克）	0.46
菸酸（毫克）	1.9
膽固醇（毫克）	-
胡蘿蔔素（微克）	-

註：1．表格中空白處，均以 "-" 代替。
2．維他命 B_1＝硫氨素，維他命 B_2＝核黃素，菸酸＝維他命 B_3。

海帶飯

這道美食尤其適合高血脂、動脈硬化患者食用。

Ready

大米 500 克
水發海帶 100 克

鹽
(配料均可依個人
口味適量加入)

 STEP 01 將大米淘洗乾淨，把泡好、沖洗乾淨的海帶切成小塊。

 STEP 02 在鍋中注入清水，將切好的海帶放入鍋中，用大火燒開。

 STEP 03 大約 5 分鐘後，放入大米和鹽，繼續煮至沸騰。

 STEP 04 水再滾以後，一邊攪拌大米一邊煮。當米粒脹發、水快要乾的時候，調成小火燜 10 至 15 分鐘就可以了。

在烹飪大米的時候，大家可以採用 "煮"、"蒸" 等方式，但是要避免 "撈"。簡單來説，"撈" 就是先煮後蒸。這種方式容易導致維他命大量流失，會降低大米的營養價值。

小米

學　　名	小米
別　　名	粟、黃粟、穀子、稷
品相特徵	橢圓形或近圓球形，黃色、褐色或白色
口　　感	味道甜香，口感軟糯

小米是一種禾本料植物穀子去皮後而得到的糧食作物，被列為我國"五穀"之一，在古代小米的多少還是富貴與否的象徵呢！小米作為糧食作物不但能製作美味佳餚，而且還是釀酒的上好原料。

市場上大部分小米的質量都是比較好的，不過還是有一些不法商販為了謀取高額利潤會將一些已經發霉變質的小米通過漂洗染色後充當質量上乘的小米出售，所以大家在選購小米時，一定要注意這些方面，以免購買到變質米食用後影響身體健康。

好小米，這樣選

NG 挑選法	OK 挑選法
☒ **米粒較小，碎米很多**——質量較次，營養功效不好。	☑ 氣味清香
☒ **整體為暗黃色，米的顏色一致**——可能是染色的米，吃後或許會影響身體。	☑ 顏色為乳白色、淡黃色或金黃色
☒ **表面米中有蟲子**——生蟲或變質的米，不能購買和食用。	☑ 米粒大小均勻，色澤光亮、均勻
	☑ 放入溫水中，質量上乘的小米不會褪色，水較清澈

NG 挑選法	OK 挑選法
☒ **有霉味或酸臭味甚至腐敗的味道**——陳米或者變質的米，屬次品。 ☒ **嚐起來味道苦澀或沒有味道**——劣質的小米，營養價值不高。	☑ 用手搓撚時不會碎掉，米中碎米較少

吃不完，這樣保存

小米的個頭兒小，米粒之間的空隙小，不利於氣體交換，因此一旦溫度太高，空氣濕度變大，小米就容易變質、長蟲。因此在保存小米之前，首先要把它們放到陰涼、通風、乾燥的地方晾曬一段時間，並去除米糠等雜質。如果在保存過程中發現發霉的跡象，要及時晾曬，以免霉變擴大。

恰當的保存方法是：把晾曬好的小米裝入袋子內，放進冰箱冷凍室冷凍 4~5 個小時。在冷凍期間把一個食用油的油桶刷洗乾淨，並保證油桶內部徹底晾乾，然後把凍好的小米裝入油桶中蓋上蓋子就可以了。冷凍時其實已經將小米中的蟲卵凍死，蓋上蓋子也能很好地預防蟲子進入瓶內。另外，還可以在裝有小米的袋子內放入幾塊乾海帶，這是因為海帶能很好地吸收小米中的潮氣，防止其受潮發霉。此外，為了防止小米生蛾類的幼蟲，可以在小米中放入一個用紗布包裹的花椒包。

這樣吃，安全又健康

清洗

為了健康和飲食安全，在用小米做飯之前，一定要進行清洗。

很多人在清洗小米時，只是用清水簡單地淘洗一下，其實這樣做是不正確的，因為小米屬低矮的植物，其果實容易受到化肥、農藥等化學藥品的污染，還會受到有害細菌的侵擾，所以在食用之前一定要認真清洗。

清洗時，可以用清水多淘洗幾次，然後把淘洗乾淨的小米放到淡鹽水中浸泡片刻，再用清水沖洗乾淨後就可以製作美食了。需要注意的是，在清洗時，不要用力搓洗，以免破壞小米表面的營養物質，也不要用沸水或者溫水淘洗，以免營養物質流失。

一般來說，現在的袋裝小米表面附著的雜質比較少，所以在淘洗的時候，只需要快速地淘幾遍就可以了。

健康吃法

小米粥被譽為 "代參湯" ，足見它的營養很豐富。小米中富含 B 雜維他命，在預防口腔生瘡、防止消化不良方面功效顯著。小米還具有和胃養血、防止嘔吐的作用，因此是產婦生產之後常用的調養美食。想要美容者也不妨多吃一些小米，它具有減緩臉部皺紋、減少色斑和色素的作用。值得注意的是，熬煮小米粥時，放的小米不宜過少，不然熬出來的小米粥太稀薄，口感和營養都會大打折扣。另外，小米屬性寒涼，所以不適合身體虛寒的人食用。

小米的搭配：

小米 + 大豆，小米中的賴氨酸含量比較少，而大豆中的含量則比較多，兩者一起煮食能讓營養更加全面。

營養成分表 （每 100 克含量）

熱量及四大營養元素

熱量（千卡）	脂肪（克）	蛋白質（克）	碳水化合物（克）	膳食纖維（克）
358	3.1	9	75.1	1.6

礦物質元素（無機鹽）		維他命以及其他營養元素	
鈣（毫克）	**41**	維他命 A（微克）	**17**
鋅（毫克）	**1.87**	維他命 B₁（毫克）	**0.33**
鐵（毫克）	**5.1**	維他命 B₂（毫克）	**0.1**
鈉（毫克）	**4.3**	維他命 C（毫克）	**-**
磷（毫克）	**229**	維他命 E（毫克）	**3.63**
鉀（毫克）	**284**	菸酸（毫克）	**1.5**
硒（微克）	**4.74**	膽固醇（毫克）	**-**
鎂（毫克）	**107**	胡蘿蔔素（微克）	**100**
銅（毫克）	**0.54**		
錳（毫克）	**0.89**		

紅糖小米粥

紅糖具有補血的功效，小米可以補血益氣，所以這道粥很適合產後的孕婦食用。

Ready

小米 100 克
紅棗 6 顆
紅糖 10 克

為了全面保留小米中的營養元素，一定不要長時間浸泡小米。

 STEP 01　將小米淘洗乾淨備用，把紅棗清洗乾淨去核後切成小塊備用。

 STEP 02　在鍋中放入適量清水，等水沸之後把小米放入鍋內。

 STEP 03　等水沸後調至小火熬煮20分鐘左右。等小米煮熟後，把切好的紅棗放入鍋內熬煮。

 STEP 04　當紅棗變軟後，把準備好的紅糖放入鍋內攪拌均勻，再煮 5 分鐘後關火就可以食用了。

學　　名	薏米
別　　名	藥王米、薏仁、薏苡仁、六穀米、苡米、苡仁
品相特徵	寬卵形或橢圓形，背部橢圓形，腹部中間有溝
口　　感	口感淡，有甘甜的味道

薏米

薏米是禾本科植物薏米成熟後的果實經過加工而成的。它的營養價值極高，因此又被人們讚譽為"世界禾本科植物之王"，深受人們的喜愛。

市場上，既有散裝的薏米，也有袋裝的薏米，大家在選購時儘量不要一次購買太多，因為薏米的香氣會在打開包裝後很快散去，口感也會隨著時間的流逝變差。

好薏米，這樣選

NG 挑選法	OK 挑選法
✗ **顏色發黃或暗灰色**——可能是陳舊的薏米，某些營養成分遭到了破壞。	☑ 氣味清香，口感甘甜、脆硬
✗ **果實乾癟或較小，缺少光澤**——質量較次，口感比較差。	☑ 用手摸感覺光滑、有粉末感
✗ **有異味甚至霉味**——可能是變質或長時間存放的薏米，屬次品。	☑ 薏米為白色或黃白色，肚臍部分呈淡棕色
✗ **咬一口感覺不清脆，不是很硬**——是含有的水分比較多，難以保存。	☑ 整體看表面光澤均勻、顆粒飽滿、個頭大

吃不完，這樣保存

保存薏米時，一旦方法不正確，很容易導致薏米生蟲發霉，甚至變質，特別是潮濕悶熱的夏天。如果想要使薏米保存的時間較長，那一定要選擇乾燥、通風、低溫、避光的環境。除了在上述環境條件中保存外，最好把薏米裝入密封袋內，將空氣擠出，這樣保存的時間會更長一些。

另外，市場上很多是密封包裝的薏米，打開後保存時一定要用夾子將袋口密封好，放入冰箱冷藏室保存。需要注意的是，一旦開袋，放置的時間不能超過半年，以免影響口感

這樣吃，安全又健康

清洗

在用薏米做美味佳餚之前，清洗是必要的，這樣能很好地清洗掉它表面附著的有害物質，從而確保食用的薏米乾淨安全。

薏米的清洗方法和大米的清洗方法是不同的。大米不能浸泡，而薏米卻能長時間浸泡。在清洗時，可以先用清水將薏米淘洗幾遍，然後再把它放入淡鹽水中浸泡10分鐘左右，撈出後再用清水浸泡就可以了。之所以要長時間浸泡，一方面是為了清洗乾淨，另一方面也是更重要的是為了減少熬煮的時間，因為薏米本身較為堅硬，不容易煮熟、煮爛。

健康吃法

薏米屬性微寒，在利水消腫、排毒、清熱等方面有很好的作用。它含有的硒元素在抑制腫瘤方面功效不錯，因此它在日本甚至被稱為"抗癌食品"。薏米中富含的礦物質元素和維他命，在促進身體新陳代謝和減輕腸胃負擔方面作用顯著。另外，薏米還具有護髮、美容養顏的作用。需要注意的是，食用薏米後會讓身體發冷、發虛，所以孕婦和處於經期的女性不能食用。

薏米的搭配：

薏米 + 百合 + 蜂蜜——這三者一起食用可以起到清熱潤燥的作用，適合面帶痤瘡、雀斑和皮膚乾燥的人食用。

營養成分表 （每 100 克含量）

熱量及四大營養元素

熱量（千卡）	脂肪（克）	蛋白質（克）	碳水化合物（克）	膳食纖維（克）
357	3.3	12.8	71.1	2

礦物質元素（無機鹽）

鈣（毫克）	42
鋅（毫克）	1.68
鐵（毫克）	3.6
鈉（毫克）	3.6
磷（毫克）	217
鉀（毫克）	238
硒（微克）	3.07
鎂（毫克）	88
銅（毫克）	0.29
錳（毫克）	1.37

維他命以及其他營養元素

維他命 A（微克）	-
維他命 B_1（毫克）	0.22
維他命 B_2（毫克）	0.15
維他命 C（毫克）	-
維他命 E（毫克）	2.08
菸酸（毫克）	2
膽固醇（毫克）	-
胡蘿蔔素（微克）	-

薏米芡實山藥粥

這道美食在健脾胃、助消化、補腎、益肺、降血糖方面都能發揮不錯的功效。

Ready

薏米 50 克
芡實 30 克
山藥 150 克

胡蘿蔔

 STEP 01 把薏米和芡實用水清洗乾淨後晾乾，放入攪拌機中攪拌成粗粉，之後把粗粉放入水中浸泡一段時間。

 STEP 02 將山藥清洗乾淨，去皮後切成大小合適的丁備用，把胡蘿蔔去皮後切成丁備用。

 STEP 03 向鍋內注入清水，水沸後把薏米芡實粉糊倒入鍋內煮開，然後加入胡蘿蔔和山藥丁煮 10 分鐘左右，等兩者變軟後關火即可食用。

喜歡吃甜食者，在喝粥之前可以放上幾塊冰糖調味。

紫米

學　　名	紫米
別　　名	紫糯米、接骨糯、紫珍珠
品相特徵	紫色，米粒細長
口　　感	口感香甜，比較糯

紫米是水稻中的一個品種，因其外殼為紫色，米粒細長而得此名。紫米的營養價值高，又有良好的滋補功效，所以人們冠以它"補血米"、"長壽米"的美名。不過一些不法商販為了謀取高額利潤，常常用染色的紫米充當好紫米欺騙消費者。因此為了自身健康著想，大家在挑選和食用時一定要小心。

好紫米，這樣選

NG 挑選法	OK 挑選法
☒ **光澤暗淡，混有雜質**——可能是陳舊的紫米，有些營養成分遭到了破壞。	☑ 氣味清香
☒ **光粒大小不均勻，甚至有碎米**——質量次，某些營養成分遭到了破壞。	☑ 整體顆粒飽滿均勻，米粒細長、大，有光澤
☒ **沒有香味甚至有霉味**——可能已經變質。	☑ 用手抓取紫米時，手上會留下紫黑色
☒ **放在白紙上的紫米滴上白醋後白紙上沒有顏色**——說明這是染色的紫米，不能購買。	☑ 米粒多為紫色或紫白色中帶有紫色斑點

吃不完，這樣保存

在保存紫米時，大家可以按照保存大米的方法來做，把紫米裝在用花椒水浸泡過的袋子中保存，或者把紫米放到密封袋內，把袋內的空氣排淨後，紮緊袋口放到陰涼、通風處保存。

在保存紫米時，大家還可以往密封的容器內放入幾瓣大蒜，這樣也能有效地預防生蟲，延長存放的時間。

這樣吃，安全又健康

清洗

在用紫米做美味佳餚之前，要認真淘洗，但很多人在洗紫米時喜歡搓洗，認為只有把表面的紫色洗掉才算真正洗乾淨了。其實不然，它外表的紫色是一種營養元素，所以大家在清洗紫米時切忌搓洗。

既然不能搓洗，那應該如何清洗呢？其實現在的紫米中摻雜的雜質已經很少了，所以只要用清水淘洗兩遍就可以了。

健康吃法

紫米中富含的膳食纖維，不但能提升腸道的功能，幫助消化，還具有降低血液中膽固醇含量的作用，在預防冠狀動脈硬化引起的心臟病方面功效也不錯。另外，紫米還具有滋陰補血、養胃健脾、滋補益氣的作用呢。需要大家注意的是，紫米和黑米是兩種不同的米，兩者在功效方面也有很大差別，購買食用時一定要注意。此外，腸胃功能欠佳的人不可以食用沒有煮熟的紫米。

tips

紫米食用巧方法：
紫米煮起來會花費很長時間，所以在煮之前一定要用水浸泡一段時間，在煮的時候連同紫色的水一起放入鍋內，這樣不但能縮短熬煮的時間，還能讓營養得到保留。

23

營養成分表（每 100 克含量）

熱量及四大營養元素

熱量（千卡）	脂肪（克）	蛋白質（克）	碳水化合物（克）	膳食纖維（克）
343	1.7	8.3	75.1	1.4

礦物質元素（無機鹽）

鈣（毫克）	13	鉀（毫克）	219
鋅（毫克）	2.16	硒（微克）	2.88
鐵（毫克）	3.9	鎂（毫克）	16
鈉（毫克）	4	銅（毫克）	0.29
磷（毫克）	183	錳（毫克）	2.37

維他命以及其他營養元素

維他命 A（微克）	-	維他命 E（毫克）	1.36
維他命 B$_1$（毫克）	0.31	菸酸（毫克）	4.2
維他命 B$_2$（毫克）	0.12	膽固醇（毫克）	-
維他命 C（毫克）	-	胡蘿蔔素（微克）	-

美味你來嚐

紫米紅棗粥

這道美食在補血方面的作用比較明顯。

Ready

紫米 100 克
糯米 100 克
鮮棗 6 顆

冰糖

糯米和紫米可以放到一起浸泡，也可以分開浸泡。

STEP 01　把紫米和糯米淘洗乾淨後，放到清水中浸泡 1 晚。

STEP 02　把鮮棗清洗乾淨，去核後切成小塊備用。

STEP 03　向鍋內放入清水，水開後把浸泡好的紫米和糯米帶水倒入鍋內，大火煮沸後調成小火熬煮 20 分鐘左右。

STEP 04　把切好的棗放入鍋內，再熬煮 5 分鐘左右關火。放入冰糖攪拌均勻，粥涼後就可以吃了。

糯米

學　　名	糯米
別　　名	江米
品相特徵	細長或短圓，白色

糯米是由糯稻脫殼後而得到的，因其黏性好，所以常被用來製作黏性小吃。它也是人們常常食用的糧食之一。

好糯米，這樣選

OK 挑選法

☑ 看顏色：乳白色，不透明最佳。一旦發現有透明的米或發黃有黑點的米則不要購買

☑ 看形狀：形狀有細長或圓形之分。細長的不要選發黑或缺損的，圓形的則要看其是否飽滿

☑ 看外觀：米粒上有橫紋的是爆腰的米，屬陳米，口感不好且營養不佳

吃不完，這樣保存

在存儲時，可以把乾燥、乾淨的糯米裝入一個乾淨、密封的容器內，同時往容器內放入幾瓣去皮的大蒜或者完整的八角，這樣不但能防止糯米受潮發霉，還能防止生蟲。需要注意的是，裝糯米的容器最好放到陰涼、通風、低溫、避光的環境中。

這樣吃，安全又健康

清洗

清洗糯米時方法非常簡單，但不能用力搓洗。只需要把糯米用清水淘洗兩遍就可以了。

食用禁忌

眾所週知，糯米的黏性很好，不容易消化，所以它不適合腸胃功能欠佳、脾胃比較虛的人以及腹脹的人食用，更不適合老人、兒童和患病的人食用。另外，患有糖尿病者、發熱咳嗽和濕熱體質的人也最好不要食用。需要注意的是，糯米和雞肉不能一起吃，因為兩者會引起身體不適。

健康吃法

想使糯米的營養充分發揮出來，那一定要選對吃法。想要達到養胃滋補的功效，則可以把它煮成稀粥食用。糯米用來釀酒也是不錯的食用方法，比如和刺梨搭配釀出的酒在預防心血管疾病和抗癌方面有一定的作用。另外，糯米和鮮棗一起煮食能達到溫和驅寒的作用，把烏雞和糯米放到一起則具有滋陰補腎的作用。如果和赤小豆一起食用，還能達到改善水腫和脾虛腹瀉的效果呢。

tips

糯米的功效：

補血益氣，健脾養胃，緩解胃寒、尿頻、腹脹和腹瀉等。

營養成分表（每 100 克含量）

熱量及四大營養元素

熱量（千卡）	脂肪（克）	蛋白質（克）	碳水化合物（克）	膳食纖維（克）
348	1	7.3	78.3	0.8

礦物質元素（無機鹽）

鈣（毫克）	26	鉀（毫克）	137
鋅（毫克）	1.54	硒（微克）	2.71
鐵（毫克）	1.4	鎂（毫克）	49
鈉（毫克）	1.5	銅（毫克）	1.35
磷（毫克）	113	錳（毫克）	2.26

維他命以及其他營養元素

維他命 A（微克）	-	維他命 E（毫克）	1.29
維他命 B₁（毫克）	0.11	菸酸（毫克）	2.3
維他命 B₂（毫克）	0.04	膽固醇（毫克）	-
維他命 C（毫克）	-	胡蘿蔔素（微克）	220

豌豆糯米飯

這道美味既有肉的香味，又有糯米的清香，能夠起到補中益氣的效果。

Ready

糯米 1000 克
豌豆 400 克
臘肉 250 克

喜歡吃豌豆者可以適當多放一些豌豆。

 臘肉切丁，放入鍋內炒出油備用。

 將豌豆清洗乾淨，把糯米淘洗乾淨，放入清水中浸泡 1 個小時。

 把炒好的臘肉和油一起放入電飯煲內，並把豌豆放進去。往鍋內倒入適量清水，開動電飯煲把水燒開。

 向鍋內放入浸泡的糯米，蓋上蓋子調至煮飯狀態，當它自動跳至保溫狀態後，再燜 20 分鐘左右。

燕麥片

學　　名	燕麥片
別　　名	莜麥、油麥、玉麥
品相特徵	片狀，直徑有黃豆大小

燕麥片是用產自高寒山區的裸燕麥加工而成的，它是一種高營養、高能量的綠色食品。

好燕麥片，這樣選

OK 挑選法

☑ 看成分：選擇不添加任何甜味劑、奶精、植脂末並且蛋白質含量在 8% 以上的燕麥片，這是因為純燕麥片味道清淡，口感較為黏稠，蛋白質含量豐富

☑ 看原料：選擇純燕麥壓製而成的，不要選擇五穀混合壓製而成的麥片，因為這類麥片中燕麥的含量極少，有些甚至不含燕麥

☑ 看外形：純燕麥片整體為片狀，形狀完整，乾淨沒有任何雜質，包裝也較為簡單

☑ 看使用方法：不要選擇速沖的燕麥片，而是要選擇烹煮類的，因為這類燕麥片營養價值較高

吃不完，這樣保存

如果買回來的燕麥片包裝完整、密封，那就可以把它放到通風、乾燥的地方保存。一旦打開了包裝袋，就一定要用夾子把袋口夾住，再放到通風、乾燥、低溫的地方保存。如果買到的是散裝的燕麥片，大家可以按照存儲大米的方

法來保存它，並在存儲容器內放上幾瓣大蒜，之後密封好就可以了。值得注意的是，一定要注意包裝上的保質期，一旦超過保質期就不要再食用了。

這樣吃，安全又健康

清洗

燕麥片上的雜質比較少，所以清洗時只要用清水反覆沖洗幾遍就可以了，更不要用力揉搓，以免造成營養流失。

食用禁忌

燕麥中含有大量膳食纖維，因此不適宜患有胃潰瘍、十二指潰瘍和肝硬化者食用。如果是和人米等米類一起煮食，那以每天食用這類粥品 50 克為宜。

健康吃法

燕麥片作為一種高能量、高營養的綠色保健食品，無論是單獨煮熟食用，還是同大米或其他米類混合後煮熟食用，其營養價值都非常高。燕麥片雖然營養豐富，但是煮起來比較困難，所以在煮之前一定要用乾淨的清水把燕麥片浸泡一段時間，這樣煮出來會更加黏稠。

燕麥片的功效：

降低血糖，預防心血管疾病，減肥，緩解便秘，預防骨質疏鬆、貧血，增強免疫力，延年益壽、消減臉上的痘印等。

營養成分表 （每 100 克含量）

熱量及四大營養元素

熱量（千卡）	脂肪（克）	蛋白質（克）	碳水化合物（克）	膳食纖維（克）
367	6.7	15	66.9	5.3

礦物質元素（無機鹽）

鈣（毫克）	186	鉀（毫克）	214
鋅（毫克）	2.59	硒（微克）	4.31
鐵（毫克）	7	鎂（毫克）	177
鈉（毫克）	3.7	銅（毫克）	0.45
磷（毫克）	291	錳（毫克）	3.36

維他命以及其他營養元素

維他命A（微克）	-	維他命E（毫克）	3.07
維他命B₁（毫克）	0.3	菸酸（毫克）	1.2
維他命B₂（毫克）	0.13	膽固醇（毫克）	-
維他命C（毫克）	-	胡蘿蔔素（微克）	220

美味你來嚐

肉末燕麥粥

味道鮮美的肉末燕麥粥具有緩解便秘的作用。

Ready

燕麥片 150 克
瘦豬肉 150 克
雞蛋 1 個

葱末
熟食用油
鹽
胡椒粉
生粉
料酒

STEP 01 把豬肉清洗乾淨，切成肉末後放入蛋白、料酒、生粉水將其攪拌成糊狀備用。

STEP 02 將燕麥片清洗乾淨，放入清水中浸泡一段時間，然後把浸泡好的燕麥片放入沸水中煮至黏稠狀。

STEP 03 等燕麥片煮成黏稠狀後，把調成糊狀的肉末慢慢地倒入燕麥粥，攪拌均勻等煮沸後調入熟油、胡椒粉和鹽，再撒上青葱就可以出鍋食用了。

浸泡後不但能縮短烹飪時間，而且能提升口感。

蕎麥米

學　　名	蕎麥米
別　　名	三角麥
品相特徵	三角形或長卵圓形

蕎麥米是由蕎麥脫掉外殼後製成的一種食糧。它和大米等主食一樣，可以用來煮粥也可以用來蒸飯等。

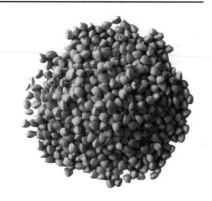

好蕎麥米，這樣選

OK 挑選法
☑ 看形狀：選擇果實大小均勻、顆粒飽滿的，這種蕎麥米營養豐富，口感較好
☑ 看顏色：表面多為綠色，有均勻的光澤，如果是褐色則說明該米已經氧化了，不適合食用
☑ 看整體：選擇果形完整，殘缺較少，沒有雜質的，這類屬質量上乘的蕎麥米

吃不完，這樣保存

為了能夠長時間保存蕎麥米，一定要先將其密封好，然後放到乾燥、通風、低溫的地方。為了防止蕎麥米生蟲，大家可以用在花椒中浸泡過的袋子來盛放。值得注意的是，一旦蕎麥米磨成蕎麥粉，一定要儘快食用完畢，尤其是在炎熱的夏季，因為高溫容易讓蕎麥粉的味道變苦。

這樣吃，安全又健康

清洗

蕎麥米和大米一樣，清洗時不宜用力揉搓，只要用清水反覆淘洗幾遍就可以了。

食用禁忌

蕎麥米雖然營養豐富，卻不適合脾胃虛寒、長期腹瀉、腸胃功能不好的人食用，因為蕎麥是一種屬性寒涼、富含纖維素的食物。另外，為了保證身體健康，也不要一次性食用大量蕎麥米。此外，如果把蕎麥米磨成蕎麥粉做粥，熬煮的時間不宜太長，否則會破壞其中的營養成分。

健康吃法

蕎麥米容易煮熟，而且帶有特別的清香，適合與大米摻在一起煮粥或蒸飯。如果把蕎麥米磨成蕎麥粉，那加入適量的麵粉後，還能製作麵餅、麵條、扒糕或者其他美味食品。

tips

蕎麥米的功效：

降血脂、降血糖，軟化血管，健脾益氣，止咳平喘，寬腸通便，預防積食、治療便秘等。

營養成分表（每 100 克含量）

熱量及四大營養元素

熱量（千卡）	脂肪（克）	蛋白質（克）	碳水化合物（克）	膳食纖維（克）
324	2.3	9.3	73	6.5

礦物質元素（無機鹽）		維他命以及其他營養元素	
鈣（毫克）	47	維他命 A（微克）	3
鋅（毫克）	3.62	維他命 B₁（毫克）	0.28
鐵（毫克）	6.2	維他命 B₂（毫克）	0.16
鈉（毫克）	4.7	維他命 C（毫克）	-
磷（毫克）	297	維他命 E（毫克）	4.4
鉀（毫克）	401	菸酸（毫克）	2.2
硒（微克）	2.45	膽固醇（毫克）	-
鎂（毫克）	258	胡蘿蔔素（微克）	20
銅（毫克）	0.56		
錳（毫克）	2.04		

黑米蕎麥粥

一碗營養豐富的素粥，最適合早餐食用。

Ready

蕎麥米 1/3 碗
黑米 1/2 碗
山藥 25 克
冬瓜 100 克

STEP 01 把山藥清洗乾淨，去皮後切成片放入鍋內煮熟，撈出後趁熱搗成山藥泥備用。也將冬瓜煮熟，並搗成泥備用。

STEP 02 將黑米和蕎麥米清洗乾淨，放入鍋內煮沸後調成小火熬煮成粥。

STEP 03 等粥快熟的時候，把搗成泥的山藥和冬瓜放入鍋內攪拌均勻，煮沸後再熬煮片刻就可以關火食用了。

食用之前大家可以根據自己的口味適當放入鹽或冰糖調味。

高粱米

學　　名	高粱米
別　　名	蜀黍、蘆穄、荻草、荻子、蘆穄、蘆粟
品相特徵	橢圓形、倒卵形或者圓形，顏色各異

高粱米是把高粱的外殼去掉之後得到的一種糧食。很多人尤其是年輕人對它知之甚少，甚至沒有吃過，然而它卻是中國主要的糧食作物之一。

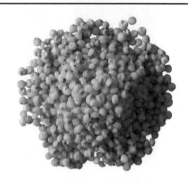

好高粱米，這樣選

OK 挑選法
☑ 聞味道：味道清香，沒有異味或發霉的味道
☑ 看形狀：顆粒均勻、飽滿、乾燥，質量好，口感佳
☑ 看外觀：顆粒整齊，沒有碎米或沙子，有均勻的光澤，質量較好

吃不完，這樣保存

高粱米不容易保存，尤其是在炎熱高溫的夏季，它很容易發霉。為了防止高粱米發霉或生蟲，可以把它放入瓷罈，蓋上蓋子，然後放到陰涼、通風、乾燥的地方保存。一旦發現高粱米發霉，要及時把變質的那些清理掉並用清水將剩餘的沖洗乾淨，再放到陰涼處陰乾，最後再裝好存放。

這樣吃，安全又健康

清洗

高粱米清洗起來非常簡單。只要把高粱米放入清水中淘洗幾遍就可以了。不過在熬煮之前，為了讓高粱米的營養充分發揮出來，需要把它浸泡很長時間。

食用禁忌

高粱米的營養價值雖然高，但是患有便秘或者大便乾燥者一定不要食用，因為它具有收斂固脫的功效。另外，患有糖尿病者也不能吃高粱米。

健康吃法

高粱米作為一種主要的糧食作物，營養價值雖然不及粟米，不過其營養成分卻很容易被人體吸收。將高粱米碾成粉煮粥食用，能達到健脾胃、滋養肌膚的功效。如果想要讓高粱米的營養充分發揮出來，在蒸煮時不要放入食用鹼。另外，不要長期、大量食用長時間放置、蒸熟或煮熟的高粱米飯。另外，在煮高粱米時一定要將它煮爛後再食用。

tips

高粱米的功效：

健脾胃，消除積食，解毒涼血，補中益氣，收斂作用等。

營養成分表（每 100 克含量）

熱量及四大營養元素

熱量（千卡）	脂肪（克）	蛋白質（克）	碳水化合物（克）	膳食纖維（克）
351	3.1	10.4	74.7	4.3

礦物質元素（無機鹽）	
鈣（毫克）	22
鋅（毫克）	1.64
鐵（毫克）	6.3
鈉（毫克）	6.3
磷（毫克）	329
鉀（毫克）	281
硒（微克）	2.83
鎂（毫克）	129
銅（毫克）	0.53
錳（毫克）	1.22

維他命以及其他營養元素	
維他命 A（微克）	-
維他命 B_1（毫克）	0.29
維他命 B_2（毫克）	0.1
維他命 C（毫克）	-
維他命 E（毫克）	1.88
菸酸（毫克）	1.6
膽固醇（毫克）	-
胡蘿蔔素（微克）	-

高粱米粥

味道甘甜的高粱米粥在生津止渴、健脾開胃方面有不錯的功效。

Ready

高粱米 50 克

冰糖

粥要趁溫時吃，放涼後味道會稍微差一些。

 STEP 01 把高粱米清洗乾淨，用清水浸泡 2 個小時。

 STEP 02 向鍋內注入水，水沸後把浸泡好的高粱米放入鍋內，用大火煮沸後調成小火熬煮成粥。

 STEP 03 等粥熬稠之後，放入適量冰糖攪拌，待冰糖融化後就可以食用了。

麵粉

學　　名	麵粉
別　　名	小麥粉
品相特徵	白色、粉末狀
口　　感	味道稍微有些甜

麵粉是由小麥加工而成的。現在,按照蛋白質的含量,麵粉可以分為高筋粉、中筋粉、低筋粉;而按照性能和用途又可以分為麵包粉、包子粉、餃子粉等,而且生產麵粉的廠家也不在少數。想要挑選出質量上乘、食用安全的麵粉並非易事。這首先需要對麵粉有全面的瞭解。

好麵粉,這樣選

NG 挑選法	OK 挑選法
✗ **顏色過白或呈灰色、青灰色或者暗黃色**──可能添加了增白劑或者麵粉本身已經發霉變質。	☑ 麥香的氣味,沒有異味
✗ **用手摸時麵粉粗糙,其中加有雜質或砂粒**──質量差,口感營養都非常差。	☑ 白色或微黃色,光澤均勻
✗ **用力搓手中的麵粉時其成團狀長時間不能散開**──麵粉中含水較多,口感比較差。	☑ 用手摸時,手心會有微微涼爽的感覺
✗ **嚐起來有酸味、油味或者霉臭味**──低質或劣質的麵粉。	☑ 麵粉為細末狀,沒有任何雜質

吃不完，這樣保存

麵粉很難保存，最容易生蟲子或發霉了，尤其是在炎熱的夏季。那麼用什麼樣的方法才能保存麵粉而不讓它發霉或生蟲呢？

一般來説，陰涼、通風、避光、乾燥的地方比較合適。存放麵粉時，大家要把麵粉袋繫好並把它放到小板凳等承托物上，來防止它受潮。需要注意的是一定不要把麵粉袋直接放到地上。

大家還可以把麵粉裝入密封袋內，放到乾燥、通風、陰涼處或者冰箱中冷凍保存。密封袋隔絕了外界的氧氣，從根本上阻斷了蟲子生長的條件，麵粉自然也不會生蟲或受潮了。

需要提醒大家的是，在購買麵粉時，一次性不要買太多，以免保存不當而變質。另外，民間有句俗語："麥吃陳，米吃新"，所以存放了適當時間的麵粉比剛磨出的麵粉口感更好。

這樣吃，安全又健康

麵粉是製作各種麵食的主要原料，在食用的時候，需要根據要製作的食品合理添加水等其他配料，這樣才能製作出美味的食品。

健康吃法

作為人們日常的食糧之一，麵粉的營養成分自然比較豐富。它屬性甘涼，在養心、益腎、和血、健脾、消除煩躁、止渴方面的功效非常顯著。麵粉中含有不飽和脂肪酸，在降低血液黏稠度，改善血液循環方面有非常好的功效。需要注意的是，精製的麵粉中膳食纖維的含量非常低，長期大量食用這種麵粉會嚴重影響腸胃功能，所以腸胃功能欠佳和患有糖尿病者最好不要食用這類麵粉。

tips

麵粉的搭配：

麵粉 + 含有精氨酸、賴氨酸等食材——麵粉中缺少精氨酸、賴氨酸、蛋氨酸等物質，同含有這些物質的食材搭配食用人體獲得的營養會更加全面。乳製品、肉類、豆類、燕麥和堅果都含有以上三種氨基酸。

營養成分表（每 100 克含量）

熱量及四大營養元素

熱量（千卡）	脂肪（克）	蛋白質（克）	碳水化合物（克）	膳食纖維（克）
344	1.5	11.2	73.6	2.1

礦物質元素（無機鹽）

鈣（毫克）	31	鉀（毫克）	1.64
鋅（毫克）	3.5	硒（微克）	3.1
鐵（毫克）	188	鎂（毫克）	190
鈉（毫克）	5.36	銅（毫克）	50
磷（毫克）	0.42	錳（毫克）	1.56

維他命以及其他營養元素

維他命 A（微克）	-	維他命 E（毫克）	1.8
維他命 B$_1$（毫克）	0.28	菸酸（毫克）	2
維他命 B$_2$（毫克）	0.08	膽固醇（毫克）	-
維他命 C（毫克）	-	胡蘿蔔素（微克）	-

手工麵條

麵條只是麵粉製作的眾多食品中的一種，它在補氣虛、厚腸胃、強氣力方面的功效比較顯著。

Ready

麵粉 500 克
雞蛋 1 隻

鹽
粟粉

醒發麵糰的主要目的是讓麵條更加有勁道。

 STEP 01 把麵粉放入容器內，加入適量食鹽攪拌均勻。

 STEP 02 將雞蛋打入盛有清水的容器內，用筷子攪拌均勻。

 STEP 03 用混合了雞蛋的水把麵粉和成麵糰。之後蓋上一塊乾淨的布，醒發 30 分鐘左右。

 STEP 04 把麵糰放到案板上，用擀麵杖將麵糰擀成厚薄適宜的麵片。在擀時要不斷在麵糰上撒一些粟米粉，防止麵糰黏在案板上或者與擀麵杖黏在一起。

 STEP 05 擀好之後，撒上適量粟米粉後按照正反面對折的方法折疊好，用菜刀切成喜歡的寬度就可以下鍋了。

粟米麵

學　　名	玉米麵
別　　名	棒子麵、玉米粉
品相特徵	黃色或白色粉末
口　　感	口感甘甜，有粟米清香

粟米麵由粟米（玉米）磨成粉末而成，因為粟米有"黃金作物"的美譽，所以粟米麵中的營養自然很豐富。粟米麵是粗糧的一種，很多人都喜歡食用。

市面上的粟米麵在品質上區別很小，其差別主要在粗細上。大家可以根據自己的口感選擇喜歡的粟米麵。

好粟米麵，這樣選

NG 挑選法	OK 挑選法
✗ **顏色暗黃**——可能是陳年粟米麵，有些營養成分已經遭到了破壞。	☑ 顏色自然，整體光澤均勻
✗ **顏色異常鮮豔**——可能是染過色的粟米麵，食用後會影響身體健康。	☑ 自然的清香味道，沒有霉味
✗ **香味過於濃郁**——可能添加了香精，不適宜購買。	☑ 包裝完整，廠家正規，在保質期之內
✗ **在手心揉搓後讓粟米麵自然落下，手心有細細的顆粒留下**——摻了顏料，不能購買。	

吃不完，這樣保存

保存粟米麵時，如果方法不正確，很容易導致粟米麵受潮、發霉或者生蟲等，特別是在炎熱的夏季。不少朋友在保存粟米麵時，習慣把它裝入袋子中放到一個地方就不管不問了。這種做法是不正確的。要保存好粟米麵需要注意方法。粟米麵最適合儲存在通風、陰涼、乾燥、低溫的環境中。如果放到高溫潮濕的環境中很容易讓它變苦。

除了要注意存放的地方之外，大家還可以用密封袋把玉米麵裝起來，把袋口密封好放到冰箱冷凍室保存。這樣既確保了低溫環境，也能阻斷空氣進入袋內。

這樣吃，安全又健康

玉米麵可以做成多種美食，可以根據自己的喜好，添加水等輔料，把它做成美味的食物。

玉米麵中含有豐富的礦物質元素和維他命，在降低膽固醇含量，預防高血壓、冠心病等方面有非常好的功效。粟米麵中也含有大量的賴氨酸，在抑制腫瘤方面有很重要的作用。此外，粟米麵裏面還含有膳食纖維，這些物質在促進腸蠕動、減少腸內食物停留時間方面的作用非常顯著，能夠減少結腸癌的發生率，也比較適合減肥者食用。此外，愛美的人士也可以多吃粟米麵，因為它具有美容養顏、延緩衰老的作用。

營養成分表（每 100 克含量）

熱量及四大營養元素

熱量（千卡）	脂肪（克）	蛋白質（克）	碳水化合物（克）	膳食纖維（克）
341	3.3	8.1	75.2	5.6

礦物質元素（無機鹽）				維他命以及其他營養元素			
鈣（毫克）	22	鉀（毫克）	249	維他命 A（微克）	7	維他命 E（毫克）	3.8
鋅（毫克）	1.42	硒（微克）	2.49	維他命 B₁（毫克）	0.26	菸酸（毫克）	2.3
鐵（毫克）	3.2	鎂（毫克）	84	維他命 B₂（毫克）	0.09	膽固醇（毫克）	-
鈉（毫克）	2.3	銅（毫克）	0.35	維他命 C（毫克）	-	胡蘿蔔素（微克）	40
磷（毫克）	196	錳（毫克）	0.47				

粟米麵豆粥

這道美食具有強身健體的作用，很適合孩子食用。

Ready

粟米麵 50 克
黃豆 20 克

鹹菜末少許

這樣做能很好地預防粟米麵糊進入鍋內變成疙瘩，影響口感。

 STEP 01 把黃豆清洗乾淨，放到清水中泡軟。

 STEP 02 把泡軟的黃豆放入鍋內煮熟，直到煮爛撈出來備用。

 STEP 03 鍋內注入適量清水，水沸後把煮爛的黃豆放入水中再次煮開。

 STEP 04 用溫水把粟米麵攪成糊狀，倒入已經加了黃豆的煮沸的鍋內，一邊向鍋內倒入粟米麵糊一邊用勺子不停攪拌。

 STEP 05 等鍋開後調成小火再熬煮 5 分鐘左右就可以了。盛入碗中後用鹹菜末點綴便可食用。

學　　名	黃豆
別　　名	青仁烏豆、大豆、泥豆、馬料豆、秣食豆
品相特徵	橢圓形、球形，表皮黃色
口　　感	豆腥味

黃豆

黃豆是大豆的一種。生活中常吃的豆腐就是由黃豆製作而成的。黃豆的用途非常廣泛，可以用來榨油或製作豆醬、豆漿等。

好黃豆，這樣選

NG 挑選法	OK 挑選法
☒ **顏色暗淡，沒有光澤**——可能是陳豆，有些營養成分遭到了破壞。	☑ 臍色為黃白色或者淺褐色，質量上乘
☒ **果形乾癟、大小不均勻，有破損甚至蟲子咬過的痕跡和霉斑**——變質或陳大豆，口感很差。	☑ 氣味清香，沒有酸味或者發霉的味道
☒ **用牙齒咬時，豆粒沒有清脆聲**——說明黃豆比較濕，不耐存儲。	☑ 果形大小均勻、完整，果實飽滿
	☑ 用牙齒咬時有清脆的聲音，豆粒容易被咬碎
	☑ 肉質為深黃色，含油量高，質量好
	☑ 豆粒顏色鮮亮、乾淨，有均勻的光澤

吃不完，這樣保存

硬滾滾的黃豆看上去不難保存，其實不然，一般來講，陰涼、通風、乾燥、低溫的環境最適合保存黃豆。此外，為了防止黃豆生蟲，可以把一些乾辣椒切成塊後和黃豆混合，再把它們一起裝入密封的容器內存放。

另質地乾燥的黃豆要比潮濕的黃豆更耐存儲。

這樣吃，安全又健康

清洗

在食用黃豆之前，需要進行清洗，這樣才能將附著在黃豆表面的灰塵和有害物質清洗掉，從而保證吃到乾淨、健康且安全的黃豆。

在清洗黃豆時，很多人總是用清水簡單沖洗幾遍就算完事了，其實這樣並不能很好地把附著在其表皮上的粉塵清洗下來。

正確的清洗方法是：把黃豆放入水中稍微浸泡一會兒，準備一塊乾淨的布，把布用水浸濕，擰掉 80% 的水分後，將水中的黃豆撈出來，放到布上，包裹好然後輕輕揉搓，之後再用清水沖洗一下就可以了。

健康吃法

黃豆中富含蛋白質和人體必需的氨基酸，能提升人體免疫力，因此被人們親切地稱為“植物肉”或“綠色牛乳”，它含有豐富的卵磷脂，具有減少肝臟脂肪堆積的作用，在治療因肥胖導致的脂肪肝方面有奇效。它裏面含有大量同雌激素類似的物質，在延緩衰老、減少骨質流失和減緩女性更年期症狀方面有不錯的功效。此外，富含抑制胰酶物質的黃豆對治療和預防糖尿病有很好的效果。而它含有的皂甙不但能降血脂，還能抑制體重增加，比較適合減肥者食用。另外，它在預防乳腺癌發生方面也有一定的作用。

要想吃到美味的黃豆，一定要用高溫將其煮熟或煮爛，一定不要生吃，因為生黃豆中含有抗胰蛋白酶和凝血酶，生食後會對身體產生不利影響。此外，黃豆也不能炒食。值得注意的是，一次性不能吃大量黃豆，以免腹脹。

tips

黃豆的搭配：

黃豆＋小米──後者的某些營養元素能讓身體很快吸收掉前者中所含的營養成分。

營養成分表（每 100 克含量）

熱量及四大營養元素

熱量（千卡）	脂肪（克）	蛋白質（克）	碳水化合物（克）	膳食纖維（克）
359	16	35	34.2	15.5

礦物質元素（無機鹽）

鈣（毫克）	191
鋅（毫克）	3.34
鐵（毫克）	8.2
鈉（毫克）	2.2
磷（毫克）	465
鉀（毫克）	1503
硒（微克）	6.16
鎂（毫克）	199
銅（毫克）	1.35
錳（毫克）	2.26

維他命以及其他營養元素

維他命 A（微克）	37
維他命 B_1（毫克）	0.41
維他命 B_2（毫克）	0.2
維他命 C（毫克）	-
維他命 E（毫克）	18.9
菸酸（毫克）	2.1
膽固醇（毫克）	-
胡蘿蔔素（微克）	220

黃豆燉豬蹄

這道美食很適合愛美的女士食用，因為它在美容養顏、延緩衰老方面有不錯的功效。

Ready

黃豆 150 克
豬蹄 600 克

蔥段
薑片
食用油
食鹽
料酒
胡椒粉
老抽

 STEP 01 把豬蹄清洗乾淨，切成塊備用。將蔥、薑清洗乾淨，把蔥切成段，把薑切成片。

 STEP 02 把黃豆清洗乾淨後，放入水中泡一個晚上。在鍋中注入清水，水沸後放入豬蹄。

 STEP 03 中焯一下撈出備用。

 STEP 04 向鍋內倒入適量油，油熱後放入一部分蔥薑爆香，把焯好的豬蹄放入鍋內翻炒，倒入適量生抽、胡椒粉調味上色。上色均勻後放入適量水，用大火燒開後調成小火煮 40 分鐘左右。

 STEP 05 等豬蹄變軟後，把泡好的黃豆放入鍋內，調入適量食鹽再燉煮 40 分鐘就可以了。

用水浸泡過的黃豆在燉煮的時候更容易入味，同時也能縮短烹飪的時間。

綠豆

學　　名	綠豆
別　　名	青小豆、菉豆、植豆
品相特徵	青綠、黃綠、墨綠，圓形或橢圓形
口　　感	有淡淡的清香味

炎熱的夏季來一碗綠豆湯是一件非常愜意的事情。綠豆湯就是由綠豆熬製而成的。綠豆不但是我國主要的穀類作物之一，還是人們經常食用的豆類之一。

好綠豆，這樣選

NG 挑選法	OK 挑選法
✗ **色澤暗淡，顆粒乾癟**——質量較次，口感和營養都較差。	☑ 整體看來，顆粒大小均勻、飽滿
✗ **顆粒大小不均勻，破碎、雜質比較多**——質量差，營養價值低。	☑ 手感光滑、堅實
✗ **顆粒上有蟲眼，有發霉變質的味道**——已經發霉或者是劣質綠豆。	☑ 用嘴對手上的綠豆哈一口氣，質量上乘的綠豆氣味清香
✗ **綠豆用水浸泡後，湯汁顏色快速變深**——可能是染色的綠豆，最好不要購買。	☑ 綠豆表皮完整，沒有破損，顏色新鮮

吃不完，這樣保存

綠豆的表皮有一層蠟質，如果購買的綠豆完好，沒有蟲眼等，保存起來還是非常容易的。

一般情況下，在保存之前需要把綠豆放到太陽下曬一曬。曬好晾涼後把它裝入密封的容器內，再向容器內放幾瓣剝皮的大蒜，蓋上蓋子就可以了。

為了防止綠豆生蟲，可以把買回的綠豆放到冰箱冷凍 7~8 天。如果想要長時間保存綠豆，可以把綠豆裝入密封的塑料瓶內，放到冰箱冷凍室保存，這樣保存的時間更長久一些。

這樣吃，安全又健康

清洗

在用綠豆製作美食之前，需要對它進行清洗，將附著在表皮上的髒東西清洗掉，只有這樣才能吃到安全放心的綠豆。在生活中很多人在清洗綠豆時，只是簡單用清水淘洗幾次，其實這樣並不能將綠豆徹底清洗乾淨。要想把綠豆洗得乾乾淨淨，可以試試下面的這個方法：

準備一塊乾淨的布，把綠豆放入盛有水的容器內浸濕，把水倒掉後，將乾淨的布蓋到綠豆上用力擦拭豆子，擦拭一遍後用清水沖洗一下，同時把布也清洗一下，再用第一遍的方法擦拭，按照這種方法擦拭 3~4 遍就可以了。

健康吃法

眾所週知，綠豆湯是夏季的降暑佳品，它之所以有這種功效，是因為綠豆具有降暑益氣、止渴利尿以及補充身體所需無機鹽的功效。綠豆本身含有的某些營養成分具有抑制細菌的功效，能很好地提升身體的免疫力。它含有的多糖成分能提升血清脂蛋白酶的活性，從而達到預防冠心病和心絞痛的作用。此外，它在護肝方面也有很好的作用。

要想讓綠豆湯解暑的功效充分發揮出來，只要將綠豆煮 10 分鐘左右就可以了，因為一旦煮開花就會破壞維他命和無機鹽。

tips

綠豆的搭配：

綠豆＋豇豆——兩者都具有清熱解毒的功效，一起煮食飲湯效果會更好。

另外，綠豆和燕麥共同煮粥，能達到控制血糖的功效。

營養成分表（每 100 克含量）

熱量及四大營養元素

熱量（千卡）	脂肪（克）	蛋白質（克）	碳水化合物（克）	膳食纖維（克）
316	0.8	21.6	62	6.4

礦物質元素（無機鹽）

鈣（毫克）	81
鋅（毫克）	2.18
鐵（毫克）	6.5
鈉（毫克）	3.2
磷（毫克）	337
鉀（毫克）	787
硒（微克）	4.28
鎂（毫克）	125
銅（毫克）	1.08
錳（毫克）	1.11

維他命以及其他營養元素

維他命 A（微克）	22
維他命 B$_1$（毫克）	0.25
維他命 B$_2$（毫克）	0.11
維他命 C（毫克）	-
維他命 E（毫克）	10.95
菸酸（毫克）	2
膽固醇（毫克）	-
胡蘿蔔素（微克）	130

綠豆百合粥

這道粥在清熱降暑，降血脂方面有不錯的功效。

Ready

綠豆 150 克
大米 100 克
陳皮 1 塊
乾百合 15 克

冰糖

 STEP 01 把乾百合和陳皮放入水中浸泡 20 分鐘左右，清洗乾淨後備用。

 STEP 02 把綠豆提前 2~3 小時清洗乾淨並用清水浸泡。

 STEP 03 將大米淘洗乾淨後放入鍋內，把浸泡好的綠豆也放入其中，加入適量清水。

 STEP 04 把百合和陳皮放入鍋內，用大火煮沸後攪拌一下，調成小火熬煮半個小時左右，直到綠豆開花為止。

 STEP 05 關火後放入適量冰糖，攪拌至冰糖融化就可以食用了。

大火煮沸後攪動主要是為了防止黏鍋。在熬煮的過程中也要時不時攪動一下以免黏鍋。

黑豆

學　　　名	黑豆
別　　　名	橹豆、烏豆、枝仔豆、黑大豆
品相特徵	橢圓形、類球形，微呈扁形
口　　　感	口感微微發淡，有豆腥味

黑豆與黃豆屬近親，不過兩者在外形上差別比較大，只看顏色就知道了。黑豆以前被用作餵食動物的飼料，而現在崇尚綠色生活的人們非常喜歡這天然的黑營養。

好黑豆，這樣選

NG 挑選法	OK 挑選法
☒ **通體烏黑發亮，光澤度很高**——可能是染色的黑豆，不適宜選購。	☑ 氣味清香，咀嚼有豆腥味
☒ **表皮脫落或有裂紋**——陳舊的黑豆，營養、口感都比較差。	☑ 豆粒墨黑或黑中有紅色，表皮完整
☒ **剝開種皮後果仁為白色**——染色的黑豆，假的，不要購買。	☑ 整體看，豆粒大小並不是很均勻，但是飽滿
☒ **有霉味或者異味**——是陳豆或者變質的黑豆，屬次品。	☑ 果仁有黃仁和綠仁兩種
☒ **將黑豆放入白醋中，白醋不變色**——染色的黑豆，不能選購。	☑ 黑豆讓白醋變為紅色，真黑豆，質量好

吃不完，這樣保存

黑豆的種皮很薄，所以一旦保存方法不正確，很容易出現發霉變質、生蟲等，尤其是在悶熱的夏季很容易讓黑豆生蟲。

恰當的保存方法：從買回的黑豆中將有蟲眼、不完整的挑出來，將完好無損的黑豆裝入乾燥的貯藏瓶內，蓋上蓋子後放入冰箱保存或者放到陰涼、乾燥、通風的地方。需注意：黑豆很容易生蟲，不要一次購買太多請儘快食用完畢。

這樣吃，安全又健康

清洗

黑豆按照表皮的光滑程度分為光滑和褶皺兩種。雖然種皮外表不相同，但是在食用之前清洗是不可缺少的一步。只有認真清洗，才能把附著在種皮上的有害物質徹底清洗掉，保證吃到安全健康的黑豆。

很多人在清洗時認為只用清水簡單的淘洗幾遍就可以了。其實這樣並不能把黑豆清洗乾淨。大家在清洗黑豆時可以參考清洗黃豆的方法，用乾淨的布擦洗，也可以採用下面這個方法：

將黑豆用清水淘洗兩遍，之後把它放入淡鹽水中浸泡 10~20 分鐘，浸泡時可以用手輕輕搓洗一下，撈出後再用清水淘洗乾淨就可以了。

健康吃法

黑豆的油脂中富含的不飽和脂肪酸具有促進血液中膽固醇代謝的功效，很適合體內膽固醇含量較高的人食用。黑豆中的維他命 E 和種皮上含有的花青素在抗氧化方面有不錯的功效，具有預防衰老、美容烏髮的作用。它含有的異黃酮，在預防骨質疏鬆、抑制乳腺癌等方面功效顯著。另外，它在健腦益智、防止便秘等方面也有不俗的表現。

黑豆中的某些營養元素在高溫作用下會被破壞掉，而黑豆豆漿能將這些營養最大限度地保留下來。想要獲得黑豆中的全面營養，那最好連皮一起吃掉。值得注意的是，大量食用黑豆容易引起腹脹、消化不良等症狀，所以在食用時一定要控制好量。

黑豆的搭配：

黑豆 + 紅糖——兩者一起食用，能達到滋補肝腎、美容養髮、活血的作用。

黑豆 + 牛奶——黑豆中的某些營養元素能促進人體吸收維他命 B₁₂。

營養成分表（每 100 克含量）

熱量及四大營養元素

熱量（千卡）	脂肪（克）	蛋白質（克）	碳水化合物（克）	膳食纖維（克）
381	15.9	36	33.6	10.2

礦物質元素（無機鹽）

鈣（毫克）	224	鉀（毫克）	1377
鋅（毫克）	4.18	硒（微克）	6.79
鐵（毫克）	7	鎂（毫克）	243
鈉（毫克）	3	銅（毫克）	1.56
磷（毫克）	500	錳（毫克）	2.83

維他命以及其他營養元素

維他命 A（微克）	5	維他命 E（毫克）	17.36
維他命 B₁（毫克）	0.2	菸酸（毫克）	2
維他命 B₂（毫克）	0.33	膽固醇（毫克）	-
維他命 C（毫克）	-	胡蘿蔔素（微克）	30

黑豆鳳爪湯

這道美味在健脾胃、利尿活血方面有不錯的功效。

Ready

黑豆 50 克
鳳爪 5 個

鹽

 STEP 01 把黑豆清洗乾淨後，放入水中浸泡 2~3 個小時。

 STEP 02 將鳳爪清洗乾淨後，放入開水中焯一下撈出備用。

 STEP 03 向鍋內注入清水，把焯好的鳳爪放入鍋內，同時將浸泡好的黑豆也放入鍋內。

 STEP 04 用大火煮沸後撇去上面的浮沫，調成小火燉煮至黑豆變軟為止，再調入適量食鹽稍微煮 5 分鐘後關火就可以食用了。

撇去浮沫能很好地降低肉的腥味，口感也會更好。

赤小豆

學　　名	赤小豆
別　　名	紅豆、野赤豆、紅豆、紅飯豆、米赤豆、赤豆
品相特徵	長橢圓形，暗紅色或褐色
口　　感	有淡淡的甜味

赤小豆常常被稱為紅豆，而同時紅豆也是相思豆的別稱，不要看兩者有共同的別稱，但功效和營養卻有著天壤之別。如果誤把真正的相思豆當成赤小豆大量食用，那後果是不堪設想的。所以大家一定要將兩者分辨清楚。

好赤小豆，這樣選

NG 挑選法	OK 挑選法
☒ **光澤暗淡，甚至有褪色的跡象**——可能是陳豆，有些營養成分遭到了破壞。	☑ 氣味清香
☒ **顆粒大小不均勻，乾癟**——質量不好，營養成分和口感比較差。	☑ 整體看來，顆粒大小均勻，豆粒飽滿
☒ **豆粒上有蟲眼甚至蟲屎**——變質的紅豆，最好不要買。	☑ 豆粒上有白色的豆臍，色澤鮮亮
☒ **紅豆漂浮在淡鹽水上**——是乾癟的豆，屬次品。	☑ 表皮暗紅色，完整，沒有蟲眼或霉斑
☒ **表皮顏色鮮紅，凸鏡形**——是相思豆，有毒，不能食用。	☑ 手感光滑、堅實，沒有雜質
	☑ 完全沉在淡鹽水中，質量上乘

吃不完，這樣保存

赤小豆和其他豆類一樣，雖然有堅硬的表皮，但是如果保存方法不恰當，很容易生蟲子，尤其是在炎熱的夏季。

正確的保存方法是：把赤小豆放到陰涼、通風的地方徹底晾乾後，將其中有蟲眼、發霉的挑選出來，將完整的、沒有破損的赤小豆裝入乾淨、乾燥的飲料瓶中，把蓋子擰緊後放到陰涼、通風、避光、乾燥的地方保存。需要注意的是，第一次向瓶子內裝赤小豆時，大家應該把瓶子裝得滿滿的，不留任何空隙，這樣就沒有蟲子生存需要的氧氣了。

這樣吃，安全又健康

清洗

在使用赤小豆製作美味之前，清洗是很有必要的，這樣才能把豆粒表面附著的有害物質清洗掉，確保吃到的赤小豆是乾淨、安全的。

很多人在清洗赤小豆時只是用清水簡單的淘洗兩遍，其實這樣並不能把豆粒表面的有害物質徹底清洗乾淨。為了保證赤小豆能被徹底清洗乾淨，可以按照清洗黑豆和黃豆的方法來清洗赤小豆，用布擦洗，這樣才能確保豆粒乾淨。

健康吃法

赤小豆中含有多種纖維物質，在治療便秘方面有不錯的功效，也正是因為如此，它在減肥、降血脂、降血壓、潤腸通便等方面的功效也比較突出。它含有蛋白質以及各種微量元素，在提高身體免疫力方面也有一定作用。它是一種葉酸含量極其豐富的食物，所以具有良好的催乳功效。除此之外，把赤小豆煮成粥食用，還能達到健脾胃、利水濕的作用。正是赤小豆利水濕的功效，所以不適合尿多的人食用。想要吃到美味的赤小豆，那麼最佳的吃法就是煮湯，因為它很難被煮爛。

赤小豆的搭配：

赤小豆 + 糯米——兩者在健脾胃、利尿方面功效顯著，一起食用對脾虛腹瀉和水腫有一定改善作用。

營養成分表（每 100 克含量）

熱量及四大營養元素

熱量（千卡）	脂肪（克）	蛋白質（克）	碳水化合物（克）	膳食纖維（克）
390	0.6	20.2	63.4	7.7

礦物質元素（無機鹽）

鈣（毫克）	74
鋅（毫克）	2.2
鐵（毫克）	7.4
鈉（毫克）	2.2
磷（毫克）	305
鉀（毫克）	860
硒（微克）	3.8
鎂（毫克）	138
銅（毫克）	0.64
錳（毫克）	1.33

維他命以及其他營養元素

維他命 A（微克）	13
維他命 B$_1$（毫克）	0.16
維他命 B$_2$（毫克）	0.11
維他命 C（毫克）	-
維他命 E（毫克）	14.36
菸酸（毫克）	2
膽固醇（毫克）	-
胡蘿蔔素（微克）	80

赤小豆薏米粥

這道美食在清熱解毒、利尿方面有不俗的表現，適合尿急、尿痛的人急用。

Ready

赤小豆 25 克
薏米 50 克

冰糖

 STEP 01 把赤小豆清洗乾淨，放到水中浸泡一晚上。

 STEP 02 將薏米清洗乾淨，放入水中浸泡 4~5 個小時。

 STEP 03 把浸泡好的赤小豆和薏米放入鍋內，用大火煮沸後調成小火熬煮，直到兩者全部煮熟為止。

 STEP 04 放入冰糖稍煮片刻，一邊攪拌一邊煮，等冰糖融化後就可以關火食用了。

為了保留住赤小豆的全部營養，可以用浸泡赤小豆的水直接來煮粥。

花生米

學　　名	花生
別　　名	花生豆、花生仁
品相特徵	長橢圓形或近似球形，果皮為淡褐色或者淺紅色
口　　感	口感香甜，有淡淡豆腥味

花生米是花生剝掉外殼後的種子，在生活中最常見，很多下酒的小菜就是用它製作而成的。市場上出售的花生米的品種和類型也是多種多樣。花生米是不是個頭越大越好呢？其實不然，很多個頭巨大的花生米是用激素催長而成的，所以大家在挑選和食用花生米時要特別留意。

好花生米，這樣選

NG 挑選法	OK 挑選法
✘ **表皮破裂，有蟲眼或霉斑**——可能是陳豆或變質的豆，有些營養成分遭到了破壞。	☑ 氣味清香，沒有發霉的味道
✘ **表皮上沒有白點，整體顏色一致**——可能是染色的花生米，不宜選購。	☑ 整體看，表皮潤澤，一端有白色斑點
✘ **豆粒大小不均勻，有乾癟的豆**——質量較次，營養和口感都比較差。	☑ 表皮沒有破裂，沒有蟲眼，沒有霉斑
✘ **白色果仁上有紅色的痕跡**——染色的花生米，屬次品。	☑ 手感光滑、堅實
	☑ 手顆粒飽滿，大小較為均勻

吃不完，這樣保存

花生米的表皮比較薄，本身又含有大量的油脂，因此很受蟲子的"歡迎"。為了防止花生米生蟲，也為了延長保存時間，在存放花生米之前需要先把它徹晾曬乾，同時去掉其中的雜質和已經變質、生蟲的豆。

把挑選好的花生米裝入密封袋內，將袋內的空氣儘量擠乾淨，然後放到冰箱冷凍室冷凍保存即可。如果不想把它放到冰箱保存，也可以把它放到陰涼、通風、乾燥、避光的地方保存。另外，還可以把花生米裝入密封的袋子內，在密封前放一些剪碎的乾辣椒，密封好後放到陰涼、通風、乾燥的地方就可以了。

如果想長時間保存花生米，可以先把整理好的豆子用清水淘洗乾淨，然後放到開水中浸泡 20 分鐘左右，撈出後撒上食鹽和玉米麵，攪拌均勻後放到陽光下曬 2~3 天，等徹底晾乾裝入密封袋就可以了。

這樣吃，安全又健康

清洗

在吃花生米之前，一定要清洗。花生米在加工過程中一定會受到細菌、塵土的污染，所以為了自身健康和安全著想一定要對它們進行清洗。

清洗花生米的方法並不難，可以按照清洗黑豆的方法來做，用乾淨的布輕輕擦拭花生米，擦試幾遍後花生米就變得乾淨了。如果不想擦洗，也可以用水反覆沖洗。清洗時切忌用清水浸泡，因為長時間浸泡容易導致花生米外皮脫落，從而造成二次污染。

健康吃法

花生米中富含多種礦物質、維他命以及氨基酸等，具有幫助身體生長發育，健腦益智的功效。它含有的兒茶素和賴氨酸在延緩衰老方面功效顯著，因此它才被稱為"長生果"。它含有一種生物活性超強的白藜蘆醇，這種物質在預防癌症、抗動脈粥樣硬化、預防心血管疾病方面效果顯著。另外，它還具有補氣養血、通乳、預防腸癌等作用。為了身體健康考慮，大家在食用花生米時最好煮熟後再食用，不要生吃花生米，因為生花生米中可能含有對身體不利的物質，大量食用會導致腹痛腹瀉，引起消化不良。

tips

花生米的搭配：

花生米 + 菠菜——花生米中的某些營養元素能促進人體對菠菜中維他命的吸收。

營養成分表（每 100 克含量）

熱量及四大營養元素

熱量（千卡）	脂肪（克）	蛋白質（克）	碳水化合物（克）	膳食纖維（克）
563	44.3	24.8	21.7	5.5

礦物質元素（無機鹽）

鈣（毫克）	39
鋅（毫克）	2.5
鐵（毫克）	2.1
鈉（毫克）	3.6
磷（毫克）	324
鉀（毫克）	587
硒（微克）	3.94
鎂（毫克）	178
銅（毫克）	0.95
錳（毫克）	1.25

維他命以及其他營養元素

維他命 A（微克）	5
維他命 B_1（毫克）	0.72
維他命 B_2（毫克）	0.13
維他命 C（毫克）	2
維他命 E（毫克）	18.09
菸酸（毫克）	17.9
膽固醇（毫克）	-
胡蘿蔔素（微克）	30

芹菜涼拌花生

這道美食在潤腸通便、減肥、防禦癌症方面有很好的功效。

Ready

花生米 200 克
芹菜 100 克

薑片
蔥段
蒜
花椒
八角
乾辣椒
食鹽
香醋
香油

 STEP 01 把花生米清洗乾淨放入水中浸泡一個晚上，第二天將花生米連同浸泡的水倒入鍋內，放入八角、花椒、乾辣椒、薑片和蔥段，開火煮沸後用中火煮 20 分鐘。

 STEP 02 關火後放入適量食鹽，攪拌均勻後蓋上蓋子燜一段時間。

 STEP 03 將芹菜擇洗乾淨，切成段備用，把蒜切成末備用。

 STEP 04 向另一個鍋內倒入適量清水，水開後把芹菜焯熟，過涼水後瀝乾水分，倒入大碗中。

 STEP 05 把花生米撈出來晾涼後放入盛有芹菜的碗內，放入切好的蒜末，倒入香醋、香油攪拌均勻後就可以享用了。

加鹽後燜一段時間主要是為了入味。

青豆

學　　名	青豆
別　　名	青大豆、豌豆
品相特徵	扁圓形或圓形

青豆在我國已經有 5000 多年的栽培歷史，是我國主要的糧食作物之一。未成熟的青豆吃起來香甜可口。

好青豆，這樣選

OK 挑選法

- ☑ 看形狀。選擇豆粒大小均勻，顆粒飽滿的，營養和口感都不錯

- ☑ 看看顏色。表面多為青綠色，有光澤，質量好適合購買。如果放入水中，水變成了綠色，說明是染色的青豆

- ☑ 看果仁。果仁完整，顏色青綠色，若果仁中有的部分為黃色，說明是染色的

吃不完，這樣保存

青豆分為兩種，乾青豆和嫩青豆。兩者在存儲時差別很大。在存儲乾青豆時，可以按照存儲黑豆或者黃豆的方法，把它裝入密封容器內，然後放到陰涼、通風、乾燥的地方。嫩青豆存儲起來比較麻煩，因為它本身含有水分，一旦採用的方法不恰當，就會發霉、長毛、變質。不過，恰當的方法不是沒有，可以試一試下面的方法：

把嫩青豆裝入密封袋內，紮緊袋口後放到冰箱冷凍室，大約能保存 1 個月。值得注意的是，嫩青豆最好不要清洗保存，以免影響口感。

這樣吃，安全又健康

清洗

乾青豆的清洗方法同黃豆或黑豆的方法相同，用乾淨的布進行擦洗。嫩青豆在清洗時也比較簡單，直接放到清水中稍微沖洗一下，然後放到淡鹽水中浸泡片刻，撈出後用清水再次沖洗乾淨就可以了。

食用禁忌：

青豆雖然含有豐富的營養元素，但是不要一次性大量食用，因為它富含澱粉，大量食用後會引起胃痛、胃脹等病症。需要注意的是，患有腎病者最好不要吃青豆。

健康吃法

青豆味道清甜，能和各種食材搭配製作佳餚。不過青豆不適合長時間烹飪，這樣不但會破壞其中的營養成分，還會讓它的顏色改變，嚴重營養口感。

青豆的功效：

預防脂肪肝形成、保護心血管，健腦、預防和抵抗癌症等。

營養成分表（每 100 克含量）

熱量及四大營養元素

熱量（千卡）	脂肪（克）	蛋白質（克）	碳水化合物（克）	膳食纖維（克）
373	16	34.5	35.4	12.6

礦物質元素（無機鹽）				維他命以及其他營養元素			
鈣（毫克）	200	鉀（毫克）	718	維他命 A（微克）	132	維他命 E（毫克）	10.09
鋅（毫克）	3.18	硒（微克）	5.62	維他命 B₁（毫克）	0.41	菸酸（毫克）	3
鐵（毫克）	8.4	鎂（毫克）	128	維他命 B₂（毫克）	0.18	膽固醇（毫克）	-
鈉（毫克）	1.8	銅（毫克）	1.38	維他命 C（毫克）	-	胡蘿蔔素（微克）	790
磷（毫克）	395	錳（毫克）	2.25				

青豆泥

營養、鮮綠色的青豆泥營養美味，具有健腦的功效。它可以作為孩子的美食。

Ready

青豆 300 克

水
白糖

 STEP 01 把青豆清洗乾淨，放入鍋內加入適量清水煮熟。

 STEP 02 把煮熟的青豆撈出瀝乾水分備用。

 STEP 03 把瀝乾水分的青豆放入攪拌機中加適量白開水絞碎成泥。倒出後可加適量白糖調味即可以享用了。

往攪拌機中加水時，要根據自己的口感添加，喜歡稀一些就可以多加水，喜愛稠一點則要少加水。

蠶豆

學　　名	蠶豆
別　　名	胡豆、佛豆、胡豆、川豆、倭豆、羅漢豆
品相特徵	扁平的橢圓形，表皮青綠色或者乳白色

蠶豆的老家在西亞和北非地區，相傳是西漢張騫出使西域時帶回中國種植的。雖然不是本土生長的豆類，不過其受歡迎程度並不比本土食物差。

好蠶豆，這樣選

OK 挑選法
☑ 看整體：果形完整，沒有殘缺、蟲眼或者霉斑，雜質較少，質量上乘
☑ 看顏色：表皮多為青綠色，發黑或者褐色則不是很新鮮
☑ 看形狀：顆粒大，飽滿，光澤均勻，營養高，口感好

吃不完，這樣保存

乾蠶豆外殼堅硬，保存起來並不麻煩，只要把它放入密封容器內，放到陰涼、通風、乾燥的地方就可以了。新鮮蠶豆含有的水分比較多，保存起來就比較麻煩了。可以把新鮮蠶豆的外殼去掉，然後清洗乾淨裝入密封袋內，放到冰箱冷凍室保存。此外，還可以把新鮮的蠶豆放入鍋中煮到八成熟，撈出後撒上少許食鹽，放到陽光下曬乾後裝入密封袋內，再放到冰箱冷凍室保存。

這樣吃，安全又健康

清洗

蠶豆外皮堅硬，在清洗時可以使用清洗黃豆的方法，用乾淨的布來擦洗。

食用禁忌

蠶豆的營養雖然豐富，不過過敏體質或患有蠶豆病的人最好不要吃。蠶豆雖然可以生吃，不過也儘量不要生吃，以免對身體造成傷害。此外，身體虛寒的人也要少吃蠶豆。

健康吃法

蠶豆的吃法多種多樣，剛剛採摘下來的嫩蠶豆剝皮後可以直接生吃。除了生吃之外，人們還通過蒸煮、醃製等方法把蠶豆製作成蠶豆罐頭或者其他小吃。此外，它還可以和其他食材一起製成佳餚，不過一定要將其堅硬的外皮剝掉。想要去掉蠶豆的外殼很簡單，只要把蠶豆放到瓷罈內，放入適量食用鹼，之後倒入煮開的水燜上一分鐘左右就可以了。

tips

蠶豆的功效：

降低膽固醇，預防心血管疾病，健腦、健脾、益氣，促進骨骼生長，延緩動脈硬化，預防和抵抗癌症等。

營養成分表（每 100 克含量）

熱量及四大營養元素

熱量（千卡）	脂肪（克）	蛋白質（克）	碳水化合物（克）	膳食纖維（克）
335	1	21.6	61.5	1.7

礦物質元素（無機鹽）

鈣（毫克）	31	鉀（毫克）	1117
鋅（毫克）	3.42	硒（微克）	1.3
鐵（毫克）	8.2	鎂（毫克）	57
鈉（毫克）	86	銅（毫克）	0.99
磷（毫克）	418	錳（毫克）	1.09

維他命以及其他營養元素

維他命 A（微克）	-	維他命 E（毫克）	1.6
維他命 B₁（毫克）	0.09	菸酸（毫克）	1.9
維他命 B₂（毫克）	0.13	膽固醇（毫克）	-
維他命 C（毫克）	2	胡蘿蔔素（微克）	-

美味你來嚐

香酥蠶豆

這道小食香脆可口，烹製一次可分幾天慢慢享用。

Ready

乾蠶豆 200 克

食用油
食鹽
花椒
大料

冷凍後再用油炸可以保證蠶豆酥脆。

 STEP 01　把乾蠶豆清洗乾淨。

 STEP 02　將花椒和大料放入容器內沖入沸水，加入少許食鹽，攪拌均勻晾涼後加入乾蠶豆浸泡 24 小時。

 STEP 03　等浸泡好之後，將蠶豆順著豆臍切開 2/3，注意不要全部切開。之後把切好的蠶豆放入保鮮盒內蓋上蓋子冷凍 24 小時。

 STEP 04　鍋內倒入適量油，油四成熱時倒入冷凍好的蠶豆炸，蠶豆的顏色稍微改變後撈出來，再用 5 成熱的油炸一次，直到豆子變成金黃色為止。蠶豆出鍋後晾涼就可以吃了。

學　　名	花豆
別　　名	腎豆、大紅豆、虎豆、福豆、虎仔豆、虎斑豆、花圓豆等
品相特徵	腎形

花豆

之所以稱其為花豆是因為它的表皮被紅色經緯花紋所佔據，據傳花豆種植已經有 2000 多年的歷史了。

好花豆，這樣選

OK 挑選法
☑ 看整體：整體乾淨、沒有雜質，表皮舒展，沒有褶皺，說明質量比較好
☑ 看顏色：表皮的顏色比較淺，說明比較新鮮；顏色很深，說明是陳豆
☑ 看形狀：選擇豆粒大小均勻，顆粒飽滿、有均勻光澤的，營養和口感都較好

吃不完，這樣保存

在存儲前，一定要確保花豆本身乾燥、完整、沒有破損。在存儲時，可以把花豆裝入塑料袋內，紮緊袋口後放到陰涼、通風、乾燥、避光的地方保存。如果想要延長花豆的保存時間，那可以把裝好的花豆放入冰箱冷凍保存。

這樣吃，安全又健康

清洗

花豆的清洗方法同黑豆或黃豆的相同，可以用乾淨的布擦洗。

食用禁忌

花豆雖然營養豐富，食療功效顯著，但並不是每個人都可以吃，像患有痛風者就不能吃。花豆雖然美味，不過發芽的花豆不能吃，因為它本身有一定的毒性。

健康吃法

花豆中的營養成分雖然不及黃豆、黑豆等豆類，不過它卻能把肉中的脂肪分解掉，讓菜品更加營養美味，因此才獲得了"豆中之王"的美譽。如果用它和雞肉或者排骨燉湯，還能達到開胃的功效。雖然能用花豆烹飪出不同的美食，但是在烹飪之前一定要用清水長時間浸泡，至少要 3 個小時，這樣做不但烹煮起來方便，而且其營養功效也更容易揮發出來。

tips

花豆的功效：

健脾胃，壯腎，提升食慾，抵抗風濕，潤腸通便、預防腸癌，補血補鈣，預防冠心病等。

營養成分表（每 100 克含量）

熱量及四大營養元素

熱量（千卡）	脂肪（克）	蛋白質（克）	碳水化合物（克）	膳食纖維（克）
317	1.3	19.1	62.7	5.5

礦物質元素（無機鹽）

鈣（毫克）	38	鉀（毫克）	358
鋅（毫克）	1.27	硒（微克）	19.05
鐵（毫克）	0.3	鎂（毫克）	17
鈉（毫克）	12.5	銅（毫克）	0.94
磷（毫克）	48	錳（毫克）	1.22

維他命以及其他營養元素

維他命 A（微克）	72	維他命 E（毫克）	6.13
維他命 B$_1$（毫克）	0.25	菸酸（毫克）	3
維他命 B$_2$（毫克）	-	膽固醇（毫克）	-
維他命 C（毫克）	-	胡蘿蔔素（微克）	430

花豆豬腳湯

營養美味的花豆豬腳湯在補腎壯腎壯陽、增強食慾方面有不錯的功效。

Ready

豬腳 1 個
花豆 100 克

葱段
芫荽末
薑片
食鹽
花椒
料酒

 STEP 01 把花豆清洗乾淨，浸泡 24 小時。

 STEP 02 將豬腳清洗乾淨，切成塊。在沸水中滴入少許料酒，把切好的豬腳放入水中焯一下。

 STEP 03 把焯好的豬腳放入砂鍋內，然後將浸泡好的花豆放入鍋內，加入適量清水，接著放入薑、葱，用大火煮沸後調成小火燉煮 2 個小時左右，之後再加入調味食鹽再燉 5 分鐘左右。

 STEP 04 把燉好的豬腳和花豆盛出，撒上適量芫荽末就可以享用了。

用加入料酒的沸水焯後能達到去腥的目的。

腐竹

學　　名	豆腐皮
別　　名	枝竹
品相特徵	透明薄片，黃色

腐竹在我國已經有1000多年的歷史了，最早的腐竹出現在唐朝。歷史悠久的腐竹是我國人民喜愛的傳統美食之一。然而，如今市場上出現了用硫磺燻製後的腐竹以及一些殘留著蒼蠅的屍體的腐竹。基於上述情況，大家無論是食用還是挑選腐竹都要特別小心。

好腐竹，這樣選

NG 挑選法	OK 挑選法
☒ **色澤非常光亮，顏色異常鮮亮**——可能是硫磺熏過的腐竹，影響身體健康。	☑ 包裝完整，廠家正規，在保質期內
☒ **折斷的腐竹多為實心，甚至有霉斑或蟲眼**——質量低劣的腐竹，不適宜購買。	☑ 整體枝條完整，沒有蟲眼或霉斑，內部沒有雜質
☒ **氣味平淡甚至有霉味、硫磺的味道**——質量低劣或是燻製的腐竹，營養口感都較差。	☑ 豆香味濃郁，沒有酸味或霉味
	☑ 顏色多為淡黃色，有自然的光澤
☒ **泡發後嚐起來有苦味甚至澀味、酸味**——質量較次的腐竹。	☑ 質地較清脆，容易折斷，腐竹內部多為空心
	☑ 泡發後口感清香，柔軟，沒有苦澀或酸味

吃不完，這樣保存

如果腐竹自身含有的水分比較多，一旦保存方法不恰當，那很可能讓腐竹發霉甚至長毛。因此在保存腐竹之前，需要把它放到陽光下徹底晾乾。

將晾乾後的腐竹放入包裝袋內，紮緊袋口後放到陰涼、通風、乾燥的地方就可以了。

夏季要經常把腐竹拿到室外通風、陽光充足的地方晾曬，這樣能很好地防止其發霉。一旦腐竹生蟲，一定不要噴灑化學藥品，只要把它放到室外光照充足的地方晾曬，蟲子自然就爬出來了。

這樣吃，安全又健康

清洗

腐竹在製作過程中會直接與空氣接觸，而這樣為空氣中的塵土和細菌趁機侵入提供了條件。儘管如此，但是腐竹屬乾貨，用清水沖洗似乎沒有什麼作用，不過為了安全和健康著想，大家在食用之前還是要把它用清水沖洗一下。沖洗之後再放入清水中浸泡至發開，發開之後再用清水清洗兩遍就可以了。

用清水浸泡腐竹時，時間一定要掌握好，以 3~5 小時最佳。水也要根據季節的不同而稍作更改，夏季可以用涼水，而秋冬季則需要使用溫水，切記不能用熱水，因為熱水會讓泡出來的腐竹失去勁道的口感。

健康吃法

腐竹中富含蛋白質，它能有效補充身體所需能量，所以在運動之前吃一些腐竹是不錯的選擇。它給身體補充能量的同時還能達到抗疲勞和健腦的功效。此外，腐竹中富含礦物質，是很好的補鈣食材，對骨骼生長發育和預防骨質疏鬆都有不錯的食療功效。不僅如此，常常吃腐竹對預防老年癡呆也有一定的作用。

tips

腐竹的搭配：

腐竹 + 西芹——西芹和腐竹中含有蛋白質，能補充身體能力，達到抗疲勞的功效。

營養成分表（每 100 克含量）

熱量及四大營養元素

熱量（千卡）	脂肪（克）	蛋白質（克）	碳水化合物（克）	膳食纖維（克）
459	21.7	44.6	22.3	1

礦物質元素（無機鹽）

鈣（毫克）	77
鋅（毫克）	3.69
鐵（毫克）	16.5
鈉（毫克）	26.5
磷（毫克）	284
鉀（毫克）	553
硒（微克）	6.65
鎂（毫克）	71
銅（毫克）	1.31
錳（毫克）	2.55

維他命以及其他營養元素

維他命 A（微克）	-
維他命 B$_1$（毫克）	0.13
維他命 B$_2$（毫克）	0.07
維他命 C（毫克）	-
維他命 E（毫克）	27.84
菸酸（毫克）	0.8
膽固醇（毫克）	-
胡蘿蔔素（微克）	-

西芹拌腐竹

這道美食具有補充身體能量，抵抗疲勞的作用。

Ready

西芹 300 克
水發腐竹 200 克

食鹽

香醋
味極鮮
香油

 STEP 01 把水發腐竹清洗一下，瀝乾水分後切成段，後放入大碗中。

 STEP 02 把芹菜擇洗乾淨後放入沸水中焯一下，撈出用涼水沖一下，瀝乾水分後切成段，放到大碗中。將芹菜擇洗乾淨，切成段備用，把蒜切成末備用。

 STEP 03 將放入小碗內加適量水稀釋，之後倒入味極鮮、食鹽、香醋攪拌均勻後倒入大碗中。最後淋上香油攪拌均勻就可以了。

水發腐竹也可以用乾腐竹代替，不過使用量要減少一些。

豆腐皮

學　　名	豆腐皮	
別　　名	油皮、豆腐衣	
品相特徵	透明薄片，黃色	

豆腐皮，一種豆製品，它的製作方法是先把豆漿煮沸後，然後將其表層形成的薄膜慢慢地"挑"起來晾乾。

浸泡後，質量好的豆腐皮浸泡後柔軟但不黏手，顏色為乳白色或微微發黃，手感光滑。

這樣吃，安全又健康

清洗

豆腐皮雖然為乾貨，但是製作時會放到室外晾乾，這難免會被空氣中的灰塵或者有害物質所侵，因此在食用之前可以先用清水沖洗一下，然後再浸泡，浸泡好之後再用清水清洗就可以了。

食用禁忌

豆腐皮含有多種有益身體的營養元素，同時它還可以幫助消化、清潔腸胃，所以不適合患有腹瀉者食用。

健康吃法

豆腐皮的食用方法多種多樣，既可以涼拌，也可以和其他時蔬搭配製作成佳餚，另外，燒烤也是不錯的吃法。不過想要吃到原汁原味的豆腐皮，還是以涼拌最佳。值得注意的是，很多人喜歡把豆腐皮和大蔥一起涼拌食用，其實這種做法並不妥當，因為大蔥中的一些營養元素會阻礙身體吸收豆腐皮中的鈣質。

豆腐皮的功效：

清熱潤肺、化痰止咳、幫助消化，延年益壽，預防心血管疾病，
促進骨骼生長和智力發展，預防骨質疏鬆，降低、預防癌症等。

營養成分表 （每 100 克含量）

熱量及四大營養元素

熱量（千卡）	脂肪（克）	蛋白質（克）	碳水化合物（克）	膳食纖維（克）
409	17.4	44.6	18.8	0.2

礦物質元素（無機鹽）

鈣（毫克）	116
鋅（毫克）	3.81
鐵（毫克）	13.9
鈉（毫克）	9.4
磷（毫克）	318
鉀（毫克）	536
硒（微克）	2.26
鎂（毫克）	111
銅（毫克）	1.86
錳（毫克）	3.51

維他命以及其他營養元素

維他命 A（微克）	-
維他命 B$_1$（毫克）	0.31
維他命 B$_2$（毫克）	0.11
維他命 C（毫克）	-
維他命 E（毫克）	20.63
菸酸（毫克）	1.5
膽固醇（毫克）	-
胡蘿蔔素（微克）	-

涼拌豆腐皮

這道涼拌菜可以説是夏季不可多得的美食，因為豆腐皮在清熱潤燥、補中益氣方面有很好的功效。

Ready

乾豆腐皮 80 克
洋葱半個
青瓜半個

食鹽
乾辣椒
食用油
芝麻

 STEP 01 把乾豆腐皮清洗一下，用水把它泡發開，然後切成絲，放入大碗中備用。

 STEP 02 將青瓜和洋葱清洗乾淨，切成青瓜絲和洋葱條，之後把兩者放入大碗中，調入適量食鹽攪拌均勻。

 STEP 03 把乾辣椒切成段放入小碗中，把芝麻也放入小碗中。

 STEP 04 向鍋內倒入適量食用油，把油燒熱後倒入步驟 03 的小碗內製作成辣椒油。

 STEP 05 把做好的辣椒油倒入大碗中攪拌均勻就可以享用了。

可以根據自身口味添加辣椒油，也可以用芥末油代替辣椒油。

粉條

學　　名	粉條
別　　名	條狀，圓粉條或寬粉條
品相特徵	有淡淡的清香

粉條是大米和番薯或者豆類加工而成的條狀乾貨食品。粉條的種類很多，其中以用番薯或馬鈴薯加工成的粉條為最佳。不過很多商販為了牟取暴利，把用化學藥品製作而成的粉條充當質量上乘的粉條出售，所以在挑選時，大家一定要認真挑選，篩選出安全、健康的粉條。

好粉條，這樣選

NG 挑選法	OK 挑選法
✗ **色澤發白或色澤異常鮮明**——可能是以次充好的粉條，不可食用。	☑ 氣味清香，沒有任何異味
✗ **彈性差，容易折斷，有很多碎屑或摻有雜質**——質量較次的粉條，營養價值低。	☑ 粉條呈灰白色，透明狀
✗ **粗細不均勻，有並條出現**——質量較次，營養含量較低，口感比較差。	☑ 整體看，粗細均勻，沒有並條或折斷的碎條
✗ **有霉味甚至苦澀的味道**——屬次品。	☑ 用手折時彈性好，不容易折斷
✗ **煮熟之後特別柔軟**——可能摻了明膠，最好不要購買。	☑ 煮熟後口感清脆
	☑ 包裝完整、生產廠家正規、在保質期內

NG 挑選法	OK 挑選法
☒ **點燃一小節粉條後火苗很大，發出很大的響聲**──摻有雜質，不宜食用。	

吃不完，這樣保存

粉條屬乾貨，一旦保存方法不恰當，很容易發霉變質。在生活中，很多人會把裝粉條的袋子開著，放到某個地方，其實這樣做並不恰當。

在保存粉條時，首先要把裝粉條的袋子密封好，然後把它放到陰涼、通風、乾燥、避光的地方。在保存時一定要注意，不要把它放到冰箱冷藏室保存，因為冰箱內潮氣很大，粉條遇到潮氣後很容易發霉變質。

這樣吃，安全又健康

粉條在食用之前不需要清洗，不過要用水煮熟後才能食用。不過為了保證吃到的粉條乾淨，最好在煮之前用清水沖洗一下其表面的灰塵，然後再放入鍋內煮。

很多人認為煮粉條的時間越長越好，其實不正確，一般來說薯類的細粉條只需要煮 15~30 分鐘，寬粉條需要煮 40 分鐘左右。煮的時間太長，粉條會吸收大量水分，勁道的口感就會下降。

粉條含有豐富的碳水化合物、膳食纖維、蛋白質以及礦物質元素，一般人都可以食用。不過因為粉條中含有影響身體的鋁，在製作過程中又添加了明礬，所以一次不要吃太多且孕婦禁食。粉條能和多種蔬菜搭配，通過不同的烹飪手段，製作出涼熱不同的美食。

粉條的搭配：

粉條 + 豬肉 + 大白菜——營養豐富又美味，促進消化。

營養成分表 （每 100 克含量）

熱量及四大營養元素

熱量（千卡）	脂肪（克）	蛋白質（克）	碳水化合物（克）	膳食纖維（克）
337	0.1	0.5	84.2	0.6

礦物質元素（無機鹽）

鈣（毫克）	35
鋅（毫克）	0.83
鐵（毫克）	5.2
鈉（毫克）	9.6
磷（毫克）	23
鉀（毫克）	18
硒（微克）	2.18
鎂（毫克）	11
銅（毫克）	0.18
錳（毫克）	0.16

維他命以及其他營養元素

維他命 A（微克）	-
維他命 B$_1$（毫克）	0.01
維他命 B$_2$（毫克）	-
維他命 C（毫克）	-
維他命 E（毫克）	-
菸酸（毫克）	0.1
膽固醇（毫克）	-
胡蘿蔔素（微克）	-

豬肉白菜燉粉條

在這道美食中白菜豐富的維他命正好彌補了粉條缺少的營養部分，讓營養變得全面。

Ready

粉條 100 克
五花肉 250 克
大白菜 300 克

芫荽
蔥
薑
食鹽
醬油
料酒
花椒
大料

 STEP 01 把五花肉清洗乾淨切成小方塊，放入碗中倒入適量醬油醃製片刻。把蔥切成段，把薑切成片，將芫荽清洗乾淨切成小段備用。把大白菜清洗乾淨，切成小塊備用。

 STEP 02 把粉條清洗一下，放入鍋內煮 20 分鐘左右至變軟為止。

 STEP 03 向鍋內倒入食用油，等油 6 分熱時下五花肉炒至金黃，放入一部分蔥段和薑片爆香，之後把肉盛出，瀝出油分。

 STEP 04 向鍋內再次倒油，油熱後放蔥蒜和薑片爆香，倒入適量醬油，之後把切好的大白菜放入鍋內翻炒均勻後加入適量食鹽和料酒，攪拌均勻後把粉條放到大白菜上面，之後把炒好的肉蓋到粉條上面。最後蓋上蓋子燉 10 分鐘左右，放上芫荽攪拌均勻就可以吃了。

> 粉條的粗細決定了煮的時間的長短，細粉條煮的時間短，而寬粉條煮的時間長。

粉絲

學 名	白蘿蔔乾
別 名	乾蘿蔔、蘿蔔乾
品相特徵	片狀或者條狀
口 感	濃郁的香氣，口感爽滑、清脆

粉絲是一種利用綠豆粉或者番薯粉製作而成的食品，因為它細如絲，故名為粉絲。

好粉絲，這樣選

OK 挑選法
☑ 看整體：包裝完整，在保質期內，正規廠商出產
☑ 看顏色：質量上乘的粉絲多為白色，透明有光澤，一旦發黑就不可購買了
☑ 聞氣味：沒有發霉的味道、酸味或異味，味道較為清香
☑ 看韌性：質量好的粉絲有韌性，彈性好，彎折不易折斷
☑ 看形狀：質量好的粉絲細長、均勻，沒有碎屑或者斷裂

吃不完，這樣保存

粉絲存儲起來比較簡單，買回的袋裝粉絲在包裝完整的情況下，放到陰涼、通風、避光的地方就可以。一旦包裝袋被打開，那在保存時就一定要用夾子將袋口密封好再保存。需要注意的是，保存時一定不要讓粉絲受潮，一旦受潮很容易發霉長毛。

這樣吃，安全又健康

清洗

一般超市出售的粉絲為袋裝粉絲，在食用之前不用清洗，這是因為粉絲需要泡發後才能食用。粉絲泡好後再用清水清洗幾遍，以確保食用到的粉絲是安全的。

食用禁忌

粉絲雖然富含碳水化合物和礦物質元素，但是並不能大量食用。因為很多粉絲在製作的過程中添加了明礬，也就是硫酸鋁鉀，這種物質對腦細胞的傷害非常大，甚至會乾擾人的意識和記憶，讓人患上老年癡呆症。另外，吃完粉絲後不要再食用油炸食品，如油條等，因為兩者一起食用會使人體攝入過量的鋁，從而影響身體健康。

健康吃法

想要吃到美味的粉絲，做湯是首選，因為粉絲的吸附性非常好，能把湯汁中的營養吸收到自己身上，讓品嚐到湯汁的鮮美。另外，它的口感也很爽滑。

tips

粉絲的功效：
富含鐵、碳水化合物，在補血方面有一定作用。

營養成分表（每100克含量）

熱量及四大營養元素

熱量（千卡）	脂肪（克）	蛋白質（克）	碳水化合物（克）	膳食纖維（克）
335	0.2	0.8	83.7	1.1

礦物質元素（無機鹽）

鈣（毫克）	31
鋅（毫克）	0.27
鐵（毫克）	6.4
鈉（毫克）	9.3
磷（毫克）	16
鉀（毫克）	18
硒（微克）	3.39
鎂（毫克）	11
銅（毫克）	0.05
錳（毫克）	0.15

維他命以及其他營養元素

維他命 A（微克）	-
維他命 B_1（毫克）	0.03
維他命 B_2（毫克）	0.02
維他命 C（毫克）	-
維他命 E（毫克）	-
菸酸（毫克）	0.4
膽固醇（毫克）	-
胡蘿蔔素（微克）	-

蒜蓉粉絲娃娃菜

美味營養的蒜蓉粉絲娃娃菜在減肥方面有不錯的功效，正在減肥者不妨試一試。

Ready

粉絲 1 把
娃娃菜 2 棵
大蒜 10 瓣

香葱末
食鹽
食用油
蒸魚豆豉

 STEP 01 把粉絲放入沸水中浸泡至變軟為止。把蒜切碎備用。

 STEP 02 將娃娃菜清洗乾淨，每一棵切成 4 等份。

 STEP 03 向鍋內注入適量水，水沸後加入少許食鹽，再滴上幾滴食用油，然後把娃娃菜放入水中焯一下。

 STEP 04 把泡好的粉絲好似鋪在碟底，再把娃娃菜撈出瀝乾水分後，擺放在碟子內，最後在娃娃菜上放上一些粉絲。

 STEP 05 向鍋內倒入適量食用油，把蒜末放入鍋內爆香，加鹽調味後澆在碟子內。

 STEP 06 把澆上蒜蓉汁的碟子放到蒸鍋上蒸 10 分鐘左右，蒸好後把碟內的水分倒掉，淋上蒸魚豆豉，撒上香葱末即可食用。

這樣做是為了讓娃娃菜和粉絲的成熟度與軟嫩程度相同。

Part 2
乾蔬

與新鮮的蔬菜相比，乾蔬最大的
特點之一就是更容易保存，雖然
沒有鮮亮的外表，但是乾蔬依舊
受到許多人喜愛。由於乾蔬需要
經過一些細節加工，有些不法商
販會趁機從中"做手腳"，再加
之外界環境的影響，因此，乾蔬
容易受到一些污染。若想吃得健
康，就要從多方面關注與乾蔬相
關的飲食安全問題。

金針

學　　名	乾黃花菜
別　　名	金針菜
品相特徵	條形，黃中戴著褐色
口　　感	淡淡的清香

金針是由新鮮的、沒有開放的黃花菜花蕾經過蒸製、晾曬而成。因為新鮮的黃花菜中含有秋水仙鹼，不能直接食用，所以只有在曬乾後才可食用。然而一些人為了讓金針的品相出眾，會使用硫磺燻製。因此在選購時，大家要獨具慧眼，選出健康、安全的金針。

好金針，這樣選

NG 挑選法	OK 挑選法
☒ **顏色淺黃、發白或金黃色**——可能是用硫磺熏過，危害大不能選購。	☑ 用手攢時，沒有黏手的感覺，鬆開後能分散開
☒ **形狀不完整，甚至有些已經散開**——可能是開花後採摘製作而成，營養價值遭到破壞。	☑ 氣味清香，沒有刺鼻的味道
☒ **聞起來有刺鼻的味道**——可能用化學藥品燻製過，危害身體健康。	☑ 整體看來，果形完整，沒有斷裂或者損傷
☒ **用手攢時黏手，很難分開**——水分含量比較高，保存不容易，口感比較差。	☑ 顏色以黃中帶著黑褐色者為佳

吃不完，這樣保存

金針吸收水分的本領超強，一旦保存方法不恰當，它就會因為潮濕而發霉變質。很多人會把買回的金針隨意放到櫥櫃內保存，其實這樣很容易讓它變質。

恰當的保存方法是：把金針裝入保鮮袋內，外層再套上一個保鮮袋，把袋內的空氣儘量排出來，之後再紮緊袋口，放到陰涼、通風、乾燥的地方保存。

這樣吃，安全又健康

清洗

金針屬乾品，不能在清洗之後直接食用。在食用之前需要用清水浸泡。浸泡的方法是：把金針先放到沸水中焯片刻，撈出後放到涼水中浸泡 2~3 個小時，之後清洗 2~3 遍就可以了。

值得注意的是，在用水浸泡時一定要用涼水，不可以使用熱水，以免影響口感。

健康吃法

金針經過加工，徹底清除了秋水仙鹼，可以放心食用。它含有的卵磷脂在健腦、提升記憶力、集中注意力以及抗衰老方面有不錯的功效，因此被人們稱作"健腦菜"。它在降低血液中膽固醇的含量方面效果較為顯著，對高血壓患者的康復有很好的輔助作用。此外，它還具有抑制癌細胞生長和促進腸道蠕動的作用，是預防腸道癌的保健蔬菜。

雖然營養豐富，功效顯著，不過在使用黃花菜製作美食時儘量避免單獨炒食，最好能和其他蔬菜搭配。在烹飪時要用大火炒製，將其徹底炒熟。另外，每次吃的量不要太多。

金針的搭配：

金針 + 木耳——營養豐富，能夠起到養腦安神的功效。

營養成分表（每 100 克含量）

熱量及四大營養元素

熱量（千卡）	脂肪（克）	蛋白質（克）	碳水化合物（克）	膳食纖維（克）
199	1.4	19.4	34.9	7.7

礦物質元素（無機鹽）

鈣（毫克）	301
鋅（毫克）	3.99
鐵（毫克）	8.1
鈉（毫克）	59.2
磷（毫克）	216
鉀（毫克）	610
硒（微克）	4.22
鎂（毫克）	85
銅（毫克）	0.37
錳（毫克）	1.21

維他命以及其他營養元素

維他命 A（微克）	307
維他命 B_1（毫克）	0.05
維他命 B_2（毫克）	0.21
維他命 C（毫克）	10
維他命 E（毫克）	4.92
菸酸（毫克）	3.1
膽固醇（毫克）	-
胡蘿蔔素（微克）	1840

小炒木須肉

這道美食營養豐富，適合孩子、老人食用。

Ready

金針 10 克
豬肉 150 克
雞蛋 2 個
青瓜 1 條
黑木耳 5 克

蔥段
薑絲
食鹽
醬油
料酒
香油
生粉水
食用油

STEP 01 把金針和木耳放入水中浸泡 2 個小時，等其充分泡開後清洗乾淨，瀝乾水分。把金針切成段備用，將木耳撕成小朵備用。

STEP 02 把青瓜清洗乾淨，切成棱形片備用，將雞蛋打入碗中，放適量食鹽攪拌均勻。把豬肉清洗乾淨，切成片放入碗中然後倒入適量生粉水、醬油醃製 15~20 分鐘。

STEP 03 向鍋內倒入適量食用油，油熱後將蛋液倒入鍋內炒熟後盛出。

STEP 04 再次向鍋內倒入適量食用油，等油 5 成熱後將醃製好的豬肉下鍋翻炒，變色後放入蔥段和薑絲，調入料酒翻炒，之後下木耳和金針翻炒 1 分鐘，最後放入青瓜片和雞蛋翻炒均勻，淋上少許香油炒勻後即可出鍋。

清洗金針時可以多洗幾遍，將裏面的有害物質如二氧化硫等徹底清洗掉。

白蘿蔔乾

學　　名	白蘿蔔乾
別　　名	乾蘿蔔、蘿蔔乾
品相特徵	片狀或者條狀
口　　感	濃郁的香氣，口感爽滑、清脆

新鮮多汁的白蘿蔔深受人們喜愛，不過白蘿蔔乾的受歡迎程度也不亞於白蘿蔔。在市場上，白蘿蔔乾的品種很多，其製作方法和工藝也不盡相同，大家在挑選時，一定要認真分辨，挑選出健康、安全的白蘿蔔乾。

好白蘿蔔乾，這樣選

NG 挑選法	OK 挑選法
☒ **顏色發白**——質量較次，可能使用了化學原料，最好不要選購。	☑ 氣味清香，沒有異味
☒ **水分多，沒有韌性，一撕就斷**——製作方法不當，質量較次。	☑ 用手掂時，質地較輕，水分含量較少
☒ **表面有白色霉斑或者黑點**——已經變質，不適合食用。	☑ 整體看，外皮完整，沒有霉斑
☒ **沒有香氣甚至有霉味**——屬次品，不宜選購。	☑ 顏色金黃色，表面有光澤

吃不完，這樣保存

把曬乾的白蘿蔔乾裝入保鮮袋內，密封好後放到陰涼、通風、乾燥的地方存放。另外，也可以把白蘿蔔乾放入瓷罈或者大缸內壓實，然後把缸口或者瓷罈口密封好，放到陰涼、通風、乾燥的地方保存。

這樣吃，安全又健康

清洗

在食用蘿蔔乾之前需要把它清洗一下，因為在其製作過程中難免會沾上空氣中的灰塵或者細菌。在清洗時，用流動的清水反覆沖洗，並用手輕輕揉搓就可以了。食用之前需要用清水將其泡發。

健康吃法

眾所週知，新鮮的白蘿蔔中含有多種有益身體的營養元素，而白蘿蔔乾並不比它遜色。白蘿蔔乾中不但含有蛋白質、胡蘿蔔素以及抗壞血酸等成分，還富含人體所需的礦物質元素。不僅如此，它含有的維他命 B 比新鮮的白蘿蔔還要高呢。它在降血脂、降血壓、生津開胃、防暑消炎、化痰止咳等方面有一定的食療功效。另外，它含有的膽鹼物質對減肥有一定的作用。它富含的糖化酶能有效分解澱粉，促進人體營養元素的吸收。值得注意的是，白蘿蔔乾屬醃製食品類，不要大量食用，以免誘發癌症。

tips

白蘿蔔乾的搭配：

白蘿蔔乾 + 雞蛋——消食開胃，營養健腦。

營養成分表（每 100 克含量）

熱量及四大營養元素

熱量（千卡）	脂肪（克）	蛋白質（克）	碳水化合物（克）	膳食纖維（克）
60	0.2	3.3	14.6	3.4

礦物質元素（無機鹽）

鈣（毫克）	53	鉀（毫克）	508
鋅（毫克）	1.27	硒（微克）	-
鐵（毫克）	3.4	鎂（毫克）	44
鈉（毫克）	4203	銅（毫克）	0.25
磷（毫克）	65	錳（毫克）	0.87

維他命以及其他營養元素

維他命 A（微克）	-	維他命 E（毫克）	-
維他命 B_1（毫克）	0.04	菸酸（毫克）	0.9
維他命 B_2（毫克）	0.09	膽固醇（毫克）	-
維他命 C（毫克）	17	胡蘿蔔素（微克）	-

涼拌白蘿蔔乾

這道美食清脆爽口，在開胃助消化方面有一定功效，也適合減肥者食用。

Ready

白蘿蔔乾 150 克
蒜 2 瓣

生抽
醋
芝麻油
麻辣醬

 STEP 01 把白蘿蔔乾清洗乾淨，用水泡發，發開後撈出瀝乾水分，切成小段，放入大碗中備用。把蒜切成末備用。

 STEP 02 向小碗內倒入生抽、醋、芝麻油和蒜末、然後將麻辣醬放入碗內攪拌均勻。

 STEP 03 把上面調好的醬汁倒入大碗中攪拌均勻就可以食用了。

白蘿蔔乾一定要充分泡發，這樣口感才會清脆。

番薯乾

學　　名	紅薯乾
別　　名	地瓜乾、番薯乾
品相特徵	條狀、塊狀、片狀，橘紅色
口　　感	味道甘甜

番薯乾是以番薯為原料加工而成的，是一種純天然、口感甜美、備受人們喜愛的小食品。正是因為人們對它的喜愛，一些不法商販為了謀取暴利，在製作時就選擇變質甚至發霉的番薯作原料。因此在挑選或食用番薯乾時，一定要謹慎小心。

好番薯乾，這樣選

NG 挑選法	OK 挑選法
☒ **顏色異常光亮，鮮黃色**——可能人為處理過，質量較次，最好不要購買。	☑ 氣味清香
☒ **表皮上有番薯皮**——製作工藝粗糙，口感較差，最好不要購買。	☑ 嚐起來口感甜美，質地較為柔韌
☒ **表皮上有黑色的小霉點**——發霉或者變質的，不宜購買。	☑ 整體看較為乾淨，沒有雜質或表皮
☒ **聞起來有異味或霉味**——使用過化學原料或者已經變質。	☑ 顏色多為橘紅色，有自然的光澤，附有白霜

吃不完，這樣保存

袋裝的番薯乾保存比較方便，直接放到通風、陰涼、低溫、乾燥的環境中就可以了。

如果是散裝的番薯乾，在保存之前要徹底晾乾，之後再裝入密封袋內，密封好後放到冰箱冷藏室保存。如果短時間無法吃完，那密封好後可以放到冰箱冷凍保存。需要注意的是，在冷藏室保存時一定不要讓它受潮，一旦受潮發霉就不能再食用了。

這樣吃，安全又健康

清洗

一般而言，在食用番薯乾之前不需要清洗。如果你覺得不是很乾淨，可以清洗，但是在食用之前還需要曬乾，不然會影響口感。

健康吃法

番薯乾含有豐富的維他命和微量元素，在促進腸道蠕動、補中益氣、提升免疫力以及抵抗衰老、預防動脈硬化等方面功效比較突出。番薯乾是一種低熱量、低脂肪的食品，可以說是理想、低廉的減肥佳品。值得注意的是，吃的時候一定要控制量，也不要空腹食用。

營養成分表（每 100 克含量）

熱量及四大營養元素

熱量（千卡）	脂肪（克）	蛋白質（克）	碳水化合物（克）	膳食纖維（克）
340	0.8	4.7	80.5	2

礦物質元素（無機鹽）				維他命以及其他營養元素			
鈣（毫克）	112	鉀（毫克）	353	維他命 A（微克）	25	維他命 E（毫克）	0.38
鋅（毫克）	0.35	硒（微克）	2.74	維他命 B₁（毫克）	0.15	菸酸（毫克）	1.1
鐵（毫克）	3.7	鎂（毫克）	102	維他命 B₂（毫克）	0.11	膽固醇（毫克）	-
鈉（毫克）	26.4	銅（毫克）	2.64	維他命 C（毫克）	9	胡蘿蔔素（微克）	150
磷（毫克）	115	錳（毫克）	1.14				

美味番薯乾

低脂肪、低熱量的番薯乾吃起來甘甜香脆，是不錯的小食品。

Ready

番薯 2 個
牛油
白砂糖

用清水浸泡主要是將番薯的澱粉浸泡出來。

 STEP 01 把番薯清洗乾淨，用刀切成厚薄相同的薄片。

 STEP 02 把切好的番薯片放入盆中，倒入適量清水浸泡。

 STEP 03 把浸泡好的番薯撈出來，用廚房用紙擦掉水分，擺放到烤盤內。

 STEP 04 把牛油放在室溫軟化，用掃子在每個番薯上掃上適量牛油，然後撒上適量白砂糖。

 STEP 05 把烤盤放入烤箱內，以 150℃ 烤 20 分鐘左右。烤好後拿出來晾涼即可享用。

蓮子

學　　名	蓮子
別　　名	白蓮、蓮實、蓮米、蓮肉
品相特徵	橢圓形或類球形
口　　感	味道稍甜，口感較澀

蓮子是蓮成熟的種子經過曬乾而成。它雖然模樣不出眾，不過食療功效卻很顯著，因此備受人們喜愛。為了購買到質量好的蓮子，大家一定要認真挑選。

好蓮子，這樣選

NG 挑選法	OK 挑選法
☒ **顏色發白，全身顏色統一、鮮亮**——可能是漂白的蓮子，屬次品。	☑ 外皮棕褐色；去衣的蓮子表面略微為黃色，整體顏色並不統一，紋理細緻
☒ **散發著刺鼻的味道**——可能是漂白的蓮子，營養價值比較低。	☑ 散發著蓮子獨特的清香味
☒ **用手抓蓮子時沒有發出清脆的響聲**——商家可能噴灑了少量的水，不容易保存。	☑ 整體看果形飽滿、圓潤，大小均勻
☒ **果形乾癟**——可能是採摘沒有成熟的蓮子製作而成或是生蟲子了，不要購買。	☑ 用手抓起時，蓮子會發出唦唦的清脆的響聲

吃不完，這樣保存

蓮子是最怕潮濕悶熱的，一旦遇潮便會生蟲，而遇到悶熱的天氣就會導致蓮子內蓮心的苦味滲透到蓮子肉上，從而影響口感。

恰當的保存方法是：把乾燥的蓮子裝入密封的袋子內，紮緊袋口後放到陰涼、通風、乾燥的地方就可以了。

一旦蓮子生蟲，可以放到陽光下曬一曬，等到熱氣散盡後裝入袋子內保存。也可以放到烤箱內烘烤一下，不過這樣會破壞它的營養成分。

這樣吃，安全又健康

清洗

把附著於表面的塵土或有害物質清洗掉，從而保證蓮子乾淨、安全。在清洗已經剝掉外皮的蓮子時，可以用清水反覆沖洗，再用清水浸泡發開。

剝皮

蓮子的外皮很薄，剝起來比較費力。用清水沖洗蓮子一下，然後放入加了食用鹼的開水中浸泡，撈出後用力揉搓把外表的皮去掉。

健康吃法

蓮子中富含大量營養元素，除了多種礦物質元素之外，還含有豐富的維他命，有防癌抗癌、強心安神、清熱瀉火以及預防遺精、滋補身體等功效。它還是高血壓患者的食療佳品。不過，大便乾燥、脾胃功能不好者並不適合。

tips

蓮子的搭配：

蓮子 + 山藥──前者可以補脾益腎，後者能夠健脾胃，兩者一起食用，可以達到健脾胃、補腎的作用。

營養成分表（每 100 克含量）

熱量及四大營養元素

熱量（千卡）	脂肪（克）	蛋白質（克）	碳水化合物（克）	膳食纖維（克）
344	2	17.2	67.2	3

礦物質元素（無機鹽）

鈣（毫克）	97	鉀（毫克）	846
鋅（毫克）	2.78	硒（微克）	3.36
鐵（毫克）	3.6	鎂（毫克）	242
鈉（毫克）	5.1	銅（毫克）	1.33
磷（毫克）	550	錳（毫克）	8.23

維他命以及其他營養元素

維他命 A（微克）	-	維他命 E（毫克）	2.71
維他命 B_1（毫克）	-	葉酸（毫克）	4.2
維他命 B_2（毫克）	0.09	膽固醇（毫克）	-
維他命 C（毫克）	5	胡蘿蔔素（微克）	-

銀耳蓮子木瓜羹

這道美食尤其適合高血壓患者食用。

Ready

蓮子 10 克
銀耳半個
木瓜半個

枸杞子
冰糖

 STEP 01 把蓮子清洗乾淨，放到水中浸泡至發脹為止。把銀耳放入水中泡發，之後撈出清洗乾淨後切碎備用。把木瓜去籽去皮後切成小塊備用。將枸杞用清水沖洗一下。

 STEP 02 把清洗乾淨的蓮子和銀耳一同放入鍋內，倒入適量清水用大火煮沸後加入冰糖和木瓜煮開，然後調成小火熬煮 20 分鐘左右。

 STEP 03 最後放入清洗乾淨的枸杞子再煮 10 分鐘就可以享用了。

如果喜歡喝濃稠的湯汁，在關火後需要再燜 30 分鐘左右。

筍乾

學　　名	筍乾
品相特徵	直的、彎的、扁的、片狀等
口　　感	有鹹淡之分

筍乾是用新鮮的竹筍經過加工製作而成，鮮味且含有豐富的膳食纖維，是一種備受歡迎的健康天然食品。

好筍乾，這樣選

OK 挑選法
☑ 看外觀：以淺棕黃色或琉璃黃色為主，有自然均勻的光澤
☑ 看肉質：肉質肥厚，筍節較密，沒有蟲眼或霉斑
☑ 聞味道：聞起來有清新的香味，沒有異味或霉味
☑ 摸竹筍：筍乾容易折斷、粗短，有清脆的響聲

吃不完，這樣保存

在保存筍乾時，首先要把它曬得很乾，然後把筍乾裝入密封袋內，封緊袋口後放在陰涼、通風、乾燥的地方就可以了。

這樣吃,安全又健康

清洗

在泡發之前需要用清水把筍乾沖洗一下,這樣才能把其表面的灰塵和一部分有害物質清洗掉。

食用禁忌

筍乾含有多種營養元素,在促進消化、防便秘等方面有不錯的功效,因此不適合胃潰瘍、十二指潰瘍等患有腸胃疾病者吃。

健康吃法

想要吃到美味的筍乾,泡發是必不可少的一步。在泡發時,先把筍乾放入溫水中浸泡 1~2 天,撈出後再用沸水煮 2 個小時左右,之後再用水浸泡 2~3 天,只有經過這樣處理的筍乾才能發足、發透,口感和營養才能達到最佳。

營養成分表 （每 100 克含量）

熱量及四大營養元素

熱量（千卡）	脂肪（克）	蛋白質（克）	碳水化合物（克）	膳食纖維（克）
43	0.4	2.6	18.6	11.3

礦物質元素（無機鹽）

鈣（毫克）	42	鉀（毫克）	66
鋅（毫克）	0.23	硒（微克）	-
鐵（毫克）	3.6	鎂（毫克）	5
鈉（毫克）	1.9	銅（毫克）	0.04
磷（毫克）	29	錳（毫克）	0.54

維他命以及其他營養元素

維他命 A（微克）	-	維他命 E（毫克）	2.24
維他命 B_1（毫克）	0.04	菸酸（毫克）	0.1
維他命 B_2（毫克）	0.07	膽固醇（毫克）	-
維他命 C（毫克）	1	胡蘿蔔素（微克）	-

筍乾燒肉

美味營養的筍乾燒肉在助消化、開胃方面有不錯的功效。

Ready

五花肉 500 克
筍乾 35 克

葱段
薑片
生抽
料酒
雞精
食用油
食鹽

STEP 01 把筍乾用水泡發好，切成小段備用，把五花肉清洗乾淨切成小方塊備用。

STEP 02 把五花肉放入沸水焯一下，撈出瀝乾水分備用。

STEP 03 向鍋內倒入適量食用油，油 5 成熱時下薑片爆香，之後放入五花肉翻炒至金黃，之後放入少許料酒、生抽翻炒至完全上色。

STEP 04 等肉上色後，倒入適量清水燒開，撇去浮沫後放入雞精、葱段和切好的筍乾，用大火煮沸後調成小火燉煮 60 分鐘左右，最後調入適量食鹽就可以了。

製作前 1~2 天就需要浸泡筍乾，這樣才能把筍乾泡軟。

梅乾菜

學　　名	梅乾菜
別　　名	烏乾菜、乾冬菜、鹹乾菜、梅菜、霉乾菜
品相特徵	菜形完整，色澤黃亮

梅乾菜是芥菜或雪裏蕻的莖或葉經過醃製、發酵、曬乾後製作成的乾貨食品。

好梅乾菜，這樣選

OK 挑選法
☑ 摸一摸：摸起來沒有潮濕、油膩的感覺，是質量上乘的梅乾菜
☑ 看形狀：菜形完整，大小均勻，沒有雜質、碎枝、沙子等，營養比較豐富，口感也好
☑ 看顏色：表面為黃中帶黑，多為新品，質量、口感好並且營養豐富
☑ 聞味道：味道清香撲鼻，沒有異味或者讓人噁心的味道

吃不完，這樣保存

在存儲時，如果是自己家製作的梅乾菜，可以把它裝入罐子內，密封好放到陰涼、通風的地方。如果是從超市購買的，有完整包裝的梅乾菜，在沒有打開包裝袋之前可以把它放到通風、陰涼處保存。如果已經打開，那需要將袋口密封好，再放到陰涼、通風的地方或冰箱冷藏保存。

這樣吃，安全又健康

清洗

梅乾菜經過醃製、曬乾，期間難免會沾上空氣中的塵土或者有害物質，所以食用之前需要用清水沖洗乾淨。最好不要使用熱水清洗，以免影響口感。

食用禁忌

梅乾菜能和多種蔬菜或肉類混合搭配製成美味佳餚。不過並不是所有的肉類都能同梅乾菜一起烹飪出利於健康的美食，如羊肉就不可以，因為兩者一起食用會造成胸悶。

健康吃法

梅乾菜擁有豐富的營養元素，獨具風味的口感，備受人們喜愛。它既可以單獨成菜、泡茶，也可以和其他食材搭配製作美食。五花肉是它最出色的搭配，兩者搭配在一起烹飪出的"梅乾菜燜肉"已經成為了經典菜餚之一。不僅如此，用長久保存的梅乾菜泡茶喝，還能很好地治療嗓子發不出聲呢。雖然梅乾菜味道營養都不錯，不過食用時也要控制好量，一般每餐 15~20 克最佳。

tips

梅乾菜的功效：
開胃消食，生津止渴，益血下氣，補虛勞，醫治嗓子不出聲等。

營養成分表 （每 100 克含量）

熱量及四大營養元素

熱量（千卡）	脂肪（克）	蛋白質（克）	碳水化合物（克）	膳食纖維（克）
43	0.4	2.6	18.6	11.3

礦物質元素（無機鹽）

鈣（毫克）	52	鉀（毫克）	995
鋅（毫克）	0.18	硒（微克）	2.74
鐵（毫克）	9.1	鎂（毫克）	45
鈉（毫克）	19.1	銅（毫克）	0.48
磷（毫克）	90	錳（毫克）	0.39

維他命以及其他營養元素

維他命 A（微克）	-	維他命 E（毫克）	-
維他命 B₁（毫克）	-	菸酸（毫克）	-
維他命 B₂（毫克）	0.09	膽固醇（毫克）	-
維他命 C（毫克）	5	胡蘿蔔素（微克）	-

梅乾菜扣肉

味道鮮美的梅乾菜搭配上滋陰潤燥、補腎養血的五花肉真是一道營養豐富又能下飯的佳品。

Ready

五花肉 500 克
梅乾菜 30 克

葱段
薑片
蒜瓣
八角
料酒
生抽
白糖
豆瓣醬

上色時可以用牙籤在肉上紮幾個小洞，讓肉的裏面也容易上色。

STEP 01 把梅乾菜清洗乾淨，放入冷水中浸泡 10 分鐘左右撈出瀝乾水分備用。

STEP 02 將五花肉清洗乾淨後放到鍋內，加適量水後放入葱段、薑片、八角和適量料酒用大火煮 30 分鐘左右。關火後，把五花肉撈出來，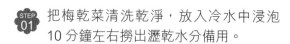用生抽和豆瓣醬給五花肉全部上色。

STEP 03 向鍋內倒入適量食用油，油熱後把上色的五花肉放到鍋內用油煎至金黃，撈出瀝乾油分後用刀子切成薄片，然後豬皮向下擺放到大碗內。

STEP 04 鍋內倒入適量食用油，油熱後下蒜瓣爆香，之後把清洗乾淨的梅乾菜放入鍋內翻炒，加入料酒、生抽、白糖調味後即可出鍋。需要注意的是，將炒熟的梅乾菜內的蒜瓣挑出來。

STEP 05 將炒熟的梅乾菜放到擺放好的五花肉上，上蒸鍋蒸 60~70 分鐘，蒸好後把肉和梅乾菜倒扣到個碟子上就大功告成了。

香菇

學　　名	香菇
別　　名	花蕈、香信、椎茸、冬菰、厚菇、花菇
品相特徵	傘形，黃褐色或黑褐色
口　　感	味道鮮香，口感細滑

香菇之所以有此名，那是因為它含有一種特殊的香氣。香菇素有"山珍"的美稱，在古代就被列入到了貢品的行列。它豐富的營養和鮮美的味道受到了眾人的喜愛。

好香菇，這樣選

NG 挑選法	OK 挑選法
☒ **傘蓋黑色，菌褶暗黃色**——可能是陳舊的香菇，有些營養成分遭到了破壞。	☑ 香氣濃郁，有香菇特有的氣味
☒ **聞起來沒有香氣，甚至有霉味或者異味**——質量較次的香菇，不宜購買。	☑ 菇形完整，傘蓋較厚，沒有完全開啟，邊緣內卷
☒ **傘蓋缺失，菌柄細長，破損甚至有發霉的跡象**——質量較次，口感和營養都比較差。	☑ 菌柄粗短、肥厚
☒ **質地較脆，用手捏就碎**——屬次品，水分含量太少，口感不佳。	☑ 傘蓋黃褐色或黑褐色，光澤均勻，表面有白霜
	☑ 菌褶淡黃色或乳白色，整齊、細密

吃不完，這樣保存

香菇的乾品保存起來並不容易，因為它具有超強的吸附性，不但能吸附潮氣，還能吸食各種味道，這不僅會讓它受潮變質，還會導致串味。因此大家在保存香菇時一定要選擇恰當的方法。

方法一：把香菇裝入密封的玻璃瓶內，同時往瓶子內放入一小袋食品乾燥劑，把蓋子蓋好後放到陰涼、通風、乾燥的地方。如果存放時間較長，每月要在陽光下晾曬一次。

方法二：把香菇裝入密封袋內，排盡空氣密封好袋口後放到冰箱冷藏或者冷凍保存。

值得注意的是，在保存時，為了防止串味一定要將其單獨存放。

這樣吃，安全又健康

清洗

乾香菇在食用之前需要清洗，因為乾香菇中會摻有雜質或者沙子，清洗不乾淨會影響口感。

在清洗香菇時，把香菇放入清水中浸泡一會兒，之後用筷子輕輕攪動水，讓香菇本身攜帶的沙子掉落到水中，再用清水沖洗一下即可。如果香菇本身比較乾淨，那可以直接用清水沖洗幾遍，這樣能最大限度地保留它的營養成分。

清洗乾淨的香菇可以再次放入清水中浸泡，直到變軟為止。

快速泡發香菇法：把香菇放入帶有蓋子的密封容器內，倒入沒過香菇的清水，蓋上蓋子後用力搖晃幾分鐘就可以了。需要注意的是，倒入盒子內的水不能太滿，搖晃時要用力。

健康吃法

香菇中氨基酸和穀氨酸的含量非常豐富，在降血壓、降血脂和降低膽固醇以及防癌抗癌方面的作用較為顯著。它在延緩衰老和提高身體免疫力方面也有一定的作用。消化不良和便秘者不妨吃一些香菇。此外，患有皮膚瘙癢、痛風、脾胃寒濕者不能食用，以免導致病情加重。

tips

香菇的搭配：

香菇 + 四季豆——前者可以防癌抗癌，後者能夠安養精神，兩者一起食用，可以起到抗癌、抗衰老的作用。

營養成分表（每 100 克含量）

熱量及四大營養元素

熱量（千卡）	脂肪（克）	蛋白質（克）	碳水化合物（克）	膳食纖維（克）
211	1.2	20	61.7	31.6

礦物質元素（無機鹽）

鈣（毫克）	83
鋅（毫克）	8.57
鐵（毫克）	10.5
鈉（毫克）	11.2
磷（毫克）	258
鉀（毫克）	464
硒（微克）	6.42
鎂（毫克）	147
銅（毫克）	1.03
錳（毫克）	5.47

維他命以及其他營養元素

維他命 A（微克）	3
維他命 B$_1$（毫克）	0.19
維他命 B$_2$（毫克）	1.26
維他命 C（毫克）	5
維他命 E（毫克）	0.66
菸酸（毫克）	20.5
膽固醇（毫克）	-
胡蘿蔔素（微克）	20

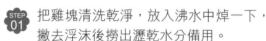

雞塊燉蘑菇

這道美食營養豐富，適合有高血脂、動脈硬化者食用。

Ready

雞塊 300 克
乾香菇 5 朵
新鮮香菇 5 朵
平菇 1 大朵
蒜 3 瓣

生抽
料酒
食用油
食鹽

STEP 01 把雞塊清洗乾淨，放入沸水中焯一下，撇去浮沫後撈出瀝乾水分備用。

STEP 02 把乾香菇稍微泡發一下，清洗乾淨後放入清水中再繼續泡發，直到變軟為止。把新鮮香菇清洗乾淨，切成小塊備用，把平菇清洗乾淨，掰開備用。將蒜切成末備用。

STEP 03 向鍋內倒入適量食用油，油熱後放蒜末爆香，之後把焯好的雞塊放入鍋內翻炒，倒入生抽上色，翻炒片刻後倒入料酒翻炒，之後把乾香菇連同浸泡的水一起倒入鍋內。

STEP 04 大火煮沸後把新鮮香菇和平菇倒入鍋內，煮沸後調成小火燉 30 分鐘左右就可以了。

浸泡的乾香菇要沉澱後再使用，以免有沙子或雜質進入食物中。

黑木耳

學　　名	黑木耳
別　　名	木耳、光木耳
品相特徵	角質，腹部凹陷，背部突出
口　　感	味道鮮美，口感爽滑

新鮮的黑木耳不能直接食用嗎？回答是肯定的，因為新鮮的黑木耳中含有一種光感物質，人食用後在陽光照射下會引起皮膚疾病，而這種物質經過暴曬後含量會降低，泡發時剩餘的部分也會溶於水中，所以黑木耳的乾貨食用起來是安全、健康的。不過大家在選購時要認真分辨，以免買到假的黑木耳。

好黑木耳，這樣選

NG 挑選法	OK 挑選法
☒ **顏色異常黑，表面光澤度高，有結塊**——可能是經過硫磺燻製的，不宜購買。	☑ 氣味清香，沒有酸味或臭味
☒ **顏色灰褐色或棕色，朵形小、碎**——質量較次，口感和營養都比較差。	☑ 耳瓣舒展，大小均勻，沒有結塊的現象
☒ **用手捏時不容易破碎**——水分含量較高，不容易保存。	☑ 顏色為深黑色或紫黑色，有均勻的光澤，背面顏色淺
☒ **聞起來有酸味或臭味**——變質或存放時間太長的黑木耳，屬次品。	☑ 用手捏時容易破碎，質量比較輕
☒ **用舌頭舔背面有酸味、澀味或刺激的味道**——浸泡過明礬，品質比較差。	

吃不完，這樣保存

保存黑木耳時，如果選擇的保存環境不正確，那很容易讓黑木耳發霉變質，特別是在悶熱的夏季。很多人買回散裝的黑木耳時就將其留在食品袋內置之不理，其實這種做法是不正確的。

恰當的做法是：把乾燥的黑木耳裝入密封袋內，排盡空氣、密封好袋口，放到陰涼、乾燥、通風的環境中保存。如果一次買了很多，那可以把黑木耳放入鋪了柔軟白紙的紙箱內，把紙箱密封好後放到陰涼、通風、乾燥的地方保存。

黑木耳泡發後其體積會是現有的 3~5 倍，所以大家在泡發時要根據需要泡發。

這樣吃，安全又健康

清洗

黑木耳質地脆，如果不經過泡發就清洗很容易弄碎。所以清洗之前需要先泡發，之後再使用正確的方法清洗。

泡發的方法：

把黑木耳放入容器內，倒入適量冷水或者溫水浸泡一段時間，等耳瓣徹底脹開後就可以了。如果想要快速泡發，可以把黑木耳放入保鮮盒內再倒入 40℃的水浸泡。需要注意的是，泡發時不要用熱水，以免營養大量流失。

清洗的方法：

方法一：把黑木耳放入水中稍微泡發一會兒，等稍微脹開後用清水反覆沖洗，之後再將蒂部剪掉，繼續泡發就可以了。

方法二：把黑木耳放入水中徹底泡發開後放入攪拌了少許麵粉的水中浸泡 10分鐘，並輕輕攪動，之後再用清水一片片清洗乾淨即可。

健康吃法

黑木耳有著"素中之葷"、"素中之王"的美稱，可見它的營養元素是多麼豐富。它富含的鐵元素，不但能讓肌膚容光煥發，還能達到補血的功效。它含有的維他命 K 在預防血栓、動脈粥樣硬化和冠心病方面效果也不錯。它還是減肥人士首選的食材。此外，它在預防癌症、便秘方面的作用也不容小覷。不過，出血性中風者不宜多吃黑木耳。

tips

黑木耳的搭配：

黑木耳 + 豇豆──前者具有益氣潤肺、降脂減肥、涼血止血的功效，後者在解渴健脾、益氣生津方面有不錯的功效，兩者同食有預防高血脂、高血壓、糖尿病的作用。

營養成分表（每 100 克含量）

熱量及四大營養元素

熱量（千卡）	脂肪（克）	蛋白質（克）	碳水化合物（克）	膳食纖維（克）
205	1.5	12.1	65.6	29.9

礦物質元素（無機鹽）

鈣（毫克）	247
鋅（毫克）	3.18
鐵（毫克）	97.4
鈉（毫克）	48.5
磷（毫克）	292
鉀（毫克）	757
硒（微克）	3.72
鎂（毫克）	152
銅（毫克）	0.32
錳（毫克）	8.86

維他命以及其他營養元素

維他命 A（微克）	17
維他命 B₁（毫克）	0.17
維他命 B₂（毫克）	0.44
維他命 C（毫克）	-
維他命 E（毫克）	11.34
菸酸（毫克）	2.5
膽固醇（毫克）	-
胡蘿蔔素（微克）	100

涼拌黑木耳

這道美食味道鮮美，口感爽滑，減肥者不妨試一試。

Ready

乾黑木耳 10 朵
紅椒 20 克
蒜 2 瓣

芝麻
白糖
生抽
香醋
香油適量

 STEP 01 把黑木耳放入水中泡發，清洗乾淨去掉蒂，掰成小朵備用。

 STEP 02 把紅椒清洗乾淨，切成末放入小碗中。把蒜切成末放入碗中。同時 03 向碗中倒入生抽、香醋、白糖、香油攪拌均勻後備用。

 STEP 03 向鍋內注入清水，水沸後把黑木耳放入鍋內焯熟，撈出來放入冷水中浸泡。

 STEP 04 把浸泡的黑木耳撈出來，瀝乾水分後放入大碗中，把調好的汁倒入大碗中攪拌均勻，撒上芝麻即可享用。

> 黑木耳的堅硬的蒂部要去掉，以免影響口感。

銀耳

學 名	銀耳
別 名	白木耳、雪耳、銀耳子
品相特徵	菊花狀或雞冠狀,乳白色或白色
口 感	味道淡,稍甜

銀耳又被叫做白木耳,因為它的外形同黑木耳相似。很多人尤其是愛美的女士非常喜歡吃銀耳,正是因此,一些商家為了讓它的外形更美麗會使用硫磺燻製,這樣的銀耳食用後會對身體產生不良的影響。所以無論是購買還挑選銀耳,都要把健康和安全放到第一位。

好銀耳,這樣選

NG 挑選法	OK 挑選法
☒ **顏色發白**——可能用硫磺熏過,質量次,最好不要吃。	☑ 耳朵的肉質較厚,乾燥且完整
☒ **聞起來有霉味、酸味甚至刺鼻的濃郁味道**——變質或用硫磺熏過,不能購買。	☑ 氣味清香,沒有酸味、霉味等
☒ **用手摸時有潮濕的感覺**——不夠乾燥,品質較次。	☑ 整朵為淡黃色或白色中帶有黃色
☒ **朵形不完整,耳朵薄且有損壞,蒂部有雜質**——質量差,屬次品。	☑ 朵形完整,大且鬆散,蒂頭沒有雜質

吃不完,這樣保存

保存銀耳的時候,防潮是非常重要的一個環節。保存時,可以把銀耳放入玻璃瓶內,密封好放到陰涼、通風、乾燥的地方存放。如果家裏沒有儲存罐,那可以放到密封袋內，把空氣排盡，密封好後放到陰涼、通風、乾燥的地方。

泡發好的銀耳最好一次性吃完，如果沒有吃完，那可以把它瀝乾水分，用保鮮膜完全包裹起來，放到冰箱保鮮室保存。

這樣吃，安全又健康

清洗

銀耳本身非常乾燥，也很容易碎，所以泡發後再清洗。清洗時要輕柔不要大力揉搓，以免將銀耳弄壞。

泡發銀耳的方法：把銀耳放入涼水中浸泡 1~2 個小時泡發後用冷水反覆清洗，把沒有泡開的部分和蒂部去掉，只有這樣才能把銀耳煮軟。需要注意的是，銀耳泡發後會變多，所以需要根據使用量來泡發。

健康吃法

銀耳含有多種氨基酸和礦物質元素，有提高肝臟解毒能力，清燥熱、健脾胃，提升身體免疫力以及放療、化療的耐受力等作用。愛美和減肥者不妨多吃一些，因為長期食用銀耳能達到滋潤肌膚，清除黃褐斑、減肥等作用。此外，變質的銀耳多是受到有毒素的醉琳兩桿菌侵襲所致，食用後很有可能導致中毒。

tips

銀耳的搭配：

銀耳 + 菊花──前者能清熱潤燥，後者具有散風清熱的作用，兩者同食能達到潤燥除煩的效果。

銀耳 + 百合──銀耳具有滋陰潤肺的作用，百合在潤肺止咳方面效果顯著，兩者同食能達到滋陰潤肺的作用。

營養成分表 （每 100 克含量）

熱量及四大營養元素

熱量（千卡）	脂肪（克）	蛋白質（克）	碳水化合物（克）	膳食纖維（克）
200	1.4	10	67.3	30.4

礦物質元素（無機鹽）

鈣（毫克）	36	鉀（毫克）	1588
鋅（毫克）	0.03	硒（微克）	2.95
鐵（毫克）	4.1	鎂（毫克）	54
鈉（毫克）	82.1	銅（毫克）	0.08
磷（毫克）	369	錳（毫克）	0.17

維他命以及其他營養元素

維他命 A（微克）	8	維他命 E（毫克）	1.26
維他命 B₁（毫克）	0.05	菸酸（毫克）	5.3
維他命 B₂（毫克）	0.25	膽固醇（毫克）	-
維他命 C（毫克）	-	胡蘿蔔素（微克）	50

冰糖銀耳雪梨羹

酸甜的冰糖銀耳雪梨羹在潤肺止咳、清熱除燥方面功效較為顯著。

Ready

銀耳 5 朵
雪梨 1 個
鳳梨罐頭半罐
枸杞子 5 克

冰糖

如果喜歡吃雪梨的皮，那可以將其帶皮切成小塊。

STEP 01 把銀耳放入水中浸泡發開後，將其清洗乾淨，之後掰成小朵備用。

STEP 02 把雪梨去皮，切成小塊備用。將枸杞子清洗乾淨，瀝乾水分備用。

STEP 03 向鍋內倒入適量清水，把銀耳放入鍋內，大火煮沸後把雪梨和鳳梨罐頭倒入鍋內，煮沸後調成小火熬煮。

STEP 04 關火前 5 分鐘下枸杞和冰糖後攪拌均勻，熬煮冰糖至融化即可。

學 名	枸杞子
別 名	枸杞果、地骨子、紅耳墜、血枸子、枸杞豆、血杞子、津枸杞
品相特徵	卵圓形、橢圓形或闊卵形，紅色或者橘紅色
口 感	味道甘甜

枸杞子

枸杞子是茄科植物枸杞的果實經過晾曬製作而成的一種藥食兩用的食物。枸杞子在生活中是很常見的一種食材，用它煮粥或烹飪肉品都是不錯的選擇。

好枸杞子，這樣選

NG 挑選法	OK 挑選法
✗ **顏色異常鮮紅，外表光亮**——可能是染色的枸杞子，屬次品。	☑ 氣味清香，沒有刺鼻或辛辣的味道
✗ **蒂部的白點為紅色**——染色的枸杞子，營養口感都比較差。	☑ 顆粒大小均勻，不要選擇顆粒太大的
✗ **聞時有強烈刺鼻的味道**——被硫磺熏過的，屬次品。	☑ 顏色紅中稍微有點發黑，光澤自然
✗ **味道酸澀甚至有苦味**——浸泡過白礬或用硫磺熏過，不宜食用。	☑ 顆粒尖端有白色斑點
✗ **用手抓一把捏一下全部黏到一起**——水分含量比較多，不容易保存。	☑ 摸時不黏手，抓一把捏時鬆手會散開
✗ **切開後枸杞籽很多，皮比較厚**——屬次品，不要購買。	☑ 切開後籽較少，皮較薄

吃不完，這樣保存

枸杞子是曬乾的枸杞果實，在保存之前，一定要確保枸杞子徹底曬乾了。如果枸杞子較為潮濕，那需要再曬一曬。曬乾的枸杞子可以用下面的方法保存：

密封保存法：把枸杞子裝入密封的玻璃瓶或者塑料瓶中，蓋緊蓋子即可。需要注意的是，保存的容器要確保乾燥，每次拿完之後要把蓋子蓋緊。

密封袋真空保存法：把枸杞子裝入密封袋內，將袋子內的空氣排乾淨後密封好，放到陰涼、通風、乾燥的地方或者冰箱冷藏室內保存。需要注意的是，要時刻檢查袋子是否漏氣了。

乙醇保存法：在需要保存的枸杞子上噴灑適量乙醇，攪拌均勻後裝入密封袋內，把空氣擠乾淨後密封保存就可以了。

這樣吃，安全又健康

清洗

在食用枸杞子之前，需要先清洗枸杞子，把附著在它表面的塵土或者細菌清洗掉，保證枸杞子乾淨、衛生。一些人在清洗枸杞子時，喜歡將其長時間浸泡，殊不知這樣不但不能把它清洗乾淨，甚至還會造成營養流失。清洗枸杞子正確的方法是：

將枸杞子用清水沖洗一下，放到水中浸泡 1~2 分鐘，並用手輕輕揉搓，將表面的髒東西清洗下來。如果覺得這種方法不能徹底將其清洗乾淨，那可以把它放到混合了麵粉的水中攪拌一下，撈出來再用清水沖洗乾淨就可以了。

健康吃法

枸杞子含有豐富的營養元素，有滋補肝腎、補氣益精，抵抗腫瘤等功效。一些患有心血管疾病者不妨吃些枸杞子，因為它在調節血糖、血脂，預防高血壓、心臟病等方面有不錯的功效。枸杞子最顯著的作用還是明目，尤其適合患有慢性眼病者食用，將其製作成枸杞蒸蛋是最好的食療佳品。枸杞子屬溫性食材，有腹瀉、脾虛、感冒、身體發炎者最好不要吃，也不要和同屬溫性的桂圓、紅棗、紅參一起吃，以免導致上火。此外，如果想要在充分吸收枸杞子營養的同時避免對身體造成傷害，那一定要控制食用的量，每天 20 克左右比較合適，最多不超過 30 克。

tips

枸杞子的搭配：

枸杞子 + 決明子——兩者在明目方面都有很好的功效，一起食用功效會更加。

枸杞子 + 銀耳——枸杞子在延緩衰老方面功效顯著，而銀耳具有滋養皮膚的功效，兩者一起食用具有美容養顏的作用。

營養成分表（每 100 克含量）

熱量及四大營養元素

熱量（千卡）	脂肪（克）	蛋白質（克）	碳水化合物（克）	膳食纖維（克）
258	1.5	13.9	64.1	16.9

礦物質元素（無機鹽）

鈣（毫克）	60	鉀（毫克）	434
鋅（毫克）	1.48	硒（微克）	13.25
鐵（毫克）	5.4	鎂（毫克）	96
鈉（毫克）	252.1	銅（毫克）	0.98
磷（毫克）	209	錳（毫克）	0.87

維他命以及其他營養元素

維他命 A（微克）	1625	維他命 E（毫克）	1.86
維他命 B_1（毫克）	0.35	菸酸（毫克）	4
維他命 B_2（毫克）	0.46	膽固醇（毫克）	-
維他命 C（毫克）	48	胡蘿蔔素（微克）	9750

杞子粥

這道美食製作方法簡單,在滋陰補血、明目益精方面有不錯的功效。

Ready

粳米 100 克
枸杞子 20 克

冰糖

 STEP 01 把粳米清洗乾淨,放到清水中浸泡 1 小時。

 STEP 02 把枸杞子清洗乾淨,瀝乾水分備用。

 STEP 03 把浸泡過的粳米連同水一起放入鍋內,加入枸杞子和冰糖,用大火煮沸後調成小火熬煮 20 分鐘左右,關火後再燜 5 分鐘左右就可以食用了。

清洗枸杞子時不要長時間浸泡,以免營養流失。

太子參

學　　名	太子參
別　　名	孩兒參、童參、雙批七、異葉假繁縷
品相特徵	塊根細條形或長的紡錘形

太子參因其為春秋時鄭國太子治病而得名。它是一種細長條的塊根。

在保存時，把太子參乾品放入密封袋內，紮緊袋口後放到陰涼、避光、乾燥的地方保存就可以了。

好太子參，這樣選

OK 挑選法
☑ 看顏色：顏色多為黃白色，半透明的形狀，斷面為白色
☑ 嚐味道：味道甘甜，沒有異味或者發霉的味道
☑ 看形狀：果形完整，形狀細長或長紡錘形，根頭部位鈍圓形，下端細長

這樣吃，安全又健康

清洗

太子參清洗起來非常方便，把它用清水反覆沖洗幾遍就可以了。

食用禁忌

太子參雖然營養和食療功效都比較顯著，不過因為其屬性溫熱，所以不適合表實邪盛者食用。

健康吃法

太子參含有多種微量元素和氨基酸等，如果搭配的食材適宜，它的功效會加倍發揮出來。比如：太子參同麥冬搭配，在滋陰補肺方面的功效會加倍，治療肺虛咳嗽效果顯著。太子參和黃芪或白术放到一起，補益的功效會大增。需要注意的是，太子參是一種特別適合煲湯的山珍。

tips

太子參的功效：

健脾益氣，生津滋陰，治療口乾舌燥，心悸失眠、肺虛燥咳等。

營養成分表（每 100 克含量）

熱量及四大營養元素

熱量（千卡）	脂肪（克）	蛋白質（克）	碳水化合物（克）	膳食纖維（克）
341	0.4	2.5	83.4	1.6

礦物質元素（無機鹽）

鈣（毫克）	52
鋅（毫克）	0.18
鐵（毫克）	9.1
鈉（毫克）	19.1
磷（毫克）	90
鉀（毫克）	995
硒（微克）	2.74
鎂（毫克）	45
銅（毫克）	0.48
錳（毫克）	0.39

維他命以及其他營養元素

維他命 A（微克）	-
維他命 B₁（毫克）	-
維他命 B₂（毫克）	0.09
維他命 C（毫克）	5
維他命 E（毫克）	-
菸酸（毫克）	-
膽固醇（毫克）	-
胡蘿蔔素（微克）	-

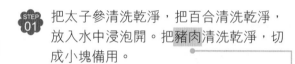

太子參百合湯

滋陰生津的太子參搭配上潤肺的百合、羅漢果，烹飪出了一道營養美味的佳品。

Ready

太子參 25 克
百合 15 克
羅漢果 1/4 個
豬肉 250 克

STEP 01 把太子參清洗乾淨，把百合清洗乾淨，放入水中浸泡開。把豬肉清洗乾淨，切成小塊備用。

STEP 02 把豬肉放到沸水中焯一下，撇去浮沫後撈出備用。

STEP 03 把上述食材放入燉鍋內，倒入適量清水，大火煮沸後調成小火燉煮 2 個小時左右就可以吃了。

如果不喜歡吃豬肉，可以用 2 條甜粟米替換。

竹笙

學　名	竹笙（竹蓀）
別　名	竹參、面紗菌、網紗菌、竹姑娘、僧笠蕈、雪裙仙子
品相特徵	同網狀乾白的蛇皮類似。

竹笙是一種珍貴的食用菌，在歷史上曾經被列為"宮廷貢品"。竹笙的乾品同鮮品在食療功效和營養價值方面不相上下。

好竹笙，這樣選

OK 挑選法
☑ 聞味道。味道醇香、清甜，如果有刺鼻的味道，可能是被硫磺燻製過
☑ 看形狀。菇形完整，朵比較大，肉質厚實，營養和口感都比較好
☑ 看顏色。表面顏色多為黃色，如果發白而且非常白，可能是經過硫磺燻製的

吃不完，這樣保存

在存儲時，如果存放的環境不當，竹笙發霉、變質的速度會加快。乾竹笙存放時最好裝入保鮮袋內，將裏面的空氣儘量擠出來，之後紮緊袋口，放到陰涼、通風、避光、低溫的地方。一定不要把它放到高溫潮濕、有陽光直射的地方。

這樣吃，安全又健康

清洗

菌類在食用之前一般都要清洗泡發，不過泡發的時間可以長短有別。清洗的方法都比較簡單，用清水反覆沖洗，把竹笙上的塵土沖洗掉就可以了。泡發時要嚴格控制時間，一般把它放到淡鹽水中浸泡 10 分鐘左右就可以了。

食用禁忌

竹笙是一種屬性寒涼的菌類，所以不適合脾胃虛寒和腹瀉者食用。

健康吃法

要想吃到美味的竹笙，在烹飪之前需要把竹笙的菌蓋頂部去掉，不然會有一種奇怪的味道。另外，竹笙同百合一起烹飪，潤肺止咳的功效會更加顯著。如果想要讓營養元素的吸收率得到提高，可以把竹笙和雞腿菇放到一起烹飪。

tips

竹笙的功效：

滋補強壯，補腦凝神，益氣健體，降血壓、降血脂、保護肝臟，提高身體免疫力，抑制腫瘤，減肥等。

營養成分表（每 100 克含量）

熱量及四大營養元素

熱量（千卡）	脂肪（克）	蛋白質（克）	碳水化合物（克）	膳食纖維（克）
155	3.1	17.8	60.3	-

礦物質元素（無機鹽）				維他命以及其他營養元素			
鈣（毫克）	18	鉀（毫克）	11882	維他命 A（微克）	-	維他命 E（毫克）	-
鋅（毫克）	2.2	硒（微克）	4.17	維他命 B₁（毫克）	0.03	菸酸（毫克）	9.1
鐵（毫克）	17.8	鎂（毫克）	45	維他命 B₂（毫克）	1.75	膽固醇（毫克）	-
鈉（毫克）	50	銅（毫克）	2.51	維他命 C（毫克）	-	胡蘿蔔素（微克）	-
磷（毫克）	289	錳（毫克）	8.47				

竹笙銀耳紅棗羹

甘甜的竹笙銀耳紅棗羹在潤肺止渴、降血壓、降血脂方面有不錯的功效。

Ready

竹笙 10 克
銀耳半個
紅棗 5~6 顆

蜂蜜

 STEP 01 把竹笙清洗乾淨，放入淡鹽水泡發後，去掉菌蓋頭備用。把銀耳泡發後，切成小朵備用。把紅棗清洗乾淨，切成小塊去核後備用。

 STEP 02 把泡發好的竹笙、銀耳以及切好的紅棗放入鍋內，倒入適量清水，用大火煮沸後調成小火熬煮 30~40 分鐘即可。

 STEP 03 溫涼後調入蜂蜜攪拌均勻就可以享用了。

調入蜂蜜的時間一定要選對，溫度太高時會破壞蜂蜜的營養成分。

猴頭菇

學 名	猴頭菇
別 名	猴頭菌、猴頭蘑、刺蝟菌、蝟菌、猴菇
品相特徵	似猴頭，類刺蝟，表面有絨毛狀肉刺

猴頭菇早在很久以前就已經走進了人們的飲食生活之中。因為它彌足珍貴，所以在尋常百姓家中很難見到。現在已大為普及，常用乾品於煲湯和做菜。猴頭菇的乾品和鮮品在營養、功效上相差無幾。

好猴頭菇，這樣選

OK 挑選法
☑ 嚐味道：帶有淡淡的苦味，說明是真的猴頭菇
☑ 看顏色：表面多為淺棕色或者褐色
☑ 看形狀：菇形完整，個頭較大，多為圓形，沒有缺損，沒有雜質和蟲蛀現象
☑ 看絨毛：絨毛齊全、短小，質量比較好

吃不完，這樣保存

在保存時，首先要把買回的猴頭菇晾曬或者風乾一下，然後再把它裝入保鮮袋內，放到陰涼、通風、乾燥的地方就可以了。猴頭菇並不是越乾越好，一般九成乾最佳。水分含量較高時，不容易保存。

這樣吃，安全又健康

清洗

乾猴頭菇在食用之前不但需要清洗，還要經過泡發。清洗時用涼水或者溫水沖洗乾淨即可。泡發時，把清洗乾淨的猴頭菇放入容器內，倒入開水燜泡 3 個小時以上，直到裏面的硬心全部被泡開、變軟為止。如果泡發不充分，那在烹飪時很難將其炒軟。需要注意的是，泡發時不能用醋。

食用禁忌

無論是乾品還是鮮品，只要猴頭菇變質，便不能食用，以免中毒。

健康吃法

猴頭菇雖然營養含量豐富，但是如果食用方法不正確，那它的營養是很難被人體吸收的。為了降低猴頭菇苦澀的味道，在烹飪時需要放入白醋或料酒。想要消除它的苦味，還可以在烹飪前把猴頭菇和薑、蔥、料酒、高湯等放到容器內上蒸鍋蒸片刻。猴頭菇雖然美味營養，但也不能大量食用，每次以 20 克為宜。

tips

猴頭菇的功效：

幫助消化，益肝脾、消宿毒，養護腸胃，降低膽固醇含量，保護心血管，提升免疫力，防癌抗癌、預防衰老等。

營養成分表（每 100 克含量）

熱量及四大營養元素

熱量（千卡）	脂肪（克）	蛋白質（克）	碳水化合物（克）	膳食纖維（克）
323	4.2	26.3	44.9	6.4

礦物質元素（無機鹽）					維他命以及其他營養元素			
鈣（毫克）	**2**	鉀（毫克）	-		維他命 A（微克）	-	維他命 E（毫克）	-
鋅（毫克）	-	硒（微克）	-		維他命 B_1（毫克）	**0.89**	菸酸（毫克）	-
鐵（毫克）	**18**	鎂（毫克）	-		維他命 B_2（毫克）	**1.89**	膽固醇（毫克）	-
鈉（毫克）	-	銅（毫克）	-		維他命 C（毫克）	-	胡蘿蔔素（微克）	**0.01**
磷（毫克）	**850**	錳（毫克）	-					

美味你來嚐

猴頭菇雞湯

助消化、健脾胃的猴頭菇搭配上清香的雞肉組成了一道不錯的美味佳餚。

Ready

雞肉 500 克
乾猴頭菇 2~3 個

葱段
薑片
料酒
八角
食鹽

 STEP 01 把猴頭菇清洗乾淨，放入熱水中浸泡 4 個小時，直到全部泡開發軟為止。

 STEP 02 把雞肉清洗乾淨，切成大小合適的塊，放入沸水焯一下，撇去浮沫後撈出備用。

 STEP 03 把焯後的雞塊放入燉鍋內，把泡發好的猴頭菇擠掉水分沖洗乾淨後放入鍋內，之後倒入適量清水，放入葱段、薑皮，八角、料酒，用大火煮沸後調成小火燉煮 2 個小時。

 STEP 04 等雞肉和猴頭菇燉軟後，調入適量食鹽，攪拌均勻就可以食用了。

泡發猴頭菇時一定要將其徹底泡開，以免影響營養析出。

紅菇

學　　名	紅菇
別　　名	正紅菇、大朱菇、真紅菇、大紅菇、紅椎菌、大紅菌
品相特徵	如小傘,傘蓋深紅色或紫紅色

紅菇是一種天然、營養豐富的菌類,有著"菌中之王"的美名。因為它的採收時間非常短,人工難以種植,多數以乾品出售。

好紅菇,這樣選

OK 挑選法
☑ 遇水時:用水浸泡,水的顏色會緩慢變成紅色,但顏色不會呈均勻狀散開
☑ 看傘蓋:傘蓋深紅色,中心呈暗紅色,有橫向褶皺,顏色異常鮮豔的並不是真正的紅菇
☑ 看菌褶:傘蓋下的菌褶厚實、細密,多為銀灰色
☑ 烹飪時:紅菇烹飪後湯汁清香,但肉質本身有澀感
☑ 聞菌柄:菌柄為粉紅色,掰開後顏色為淺灰色或分佈著不均勻的深紅色

吃不完,這樣保存

在保存時,紅菇乾品最怕潮濕,一旦遇潮就會加速變質,所以在保存時,保存環境的選擇非常重要。大家可以把乾紅菇裝入密封袋內,紮緊袋口後放到陰涼、乾燥、低溫的地方。

這樣吃,安全又健康

清洗

紅菇因為生長環境的限制,生長出來時本身會攜帶一些泥沙,製作成乾品後也會攜帶少量泥沙,所以在食用之前需要用溫水把上面的泥沙清洗掉,清洗時動作一定要輕柔。需要注意的是,紅菇不能長時間浸泡,因為紅菇中的營養元素很容易溶於水中。

健康吃法

紅菇的營養成分很高,一般人都可以食用。想要吃到味道鮮美、口感純正的紅菇,一定要選擇正確的食用方法。很多人在烹飪紅菇時會選擇乾炒或燜燒的方法,其實這樣的製作方法讓紅菇的營養大打折扣。紅菇最佳的烹飪方法是煲湯,這樣不但能讓它的營養全部發揮出來,還會讓品嚐到它純正的味道。值得注意的是,煲湯時,最好不要放入辛辣配料,比如乾辣椒等,以免影響它的口感。另外,放入的時間也要掌握好,以免長時間燉煮讓營養大量流失。

tips

紅菇的功效:

滋陰潤肺,養顏、延年益壽,活血消腫,補腎健腦,提升身體免疫力,抗癌等。

營養成分表（每 100 克含量）

熱量及四大營養元素

熱量（千卡）	脂肪（克）	蛋白質（克）	碳水化合物（克）	膳食纖維（克）
200	2.8	24.4	50.9	31.6

礦物質元素（無機鹽）

鈣（毫克）	1	鉀（毫克）	228
鋅（毫克）	3.5	硒（微克）	10.64
鐵（毫克）	7.5	鎂（毫克）	30
鈉（毫克）	1.7	銅（毫克）	2.3
磷（毫克）	523	錳（毫克）	0.91

維他命以及其他營養元素

維他命 A（微克）	13	維他命 E（毫克）	-
維他命 B₁（毫克）	0.26	菸酸（毫克）	19.5
維他命 B₂（毫克）	6.9	膽固醇（毫克）	-
維他命 C（毫克）	2	胡蘿蔔素（微克）	80

紅菇排骨湯

滋陰潤肺、養顏益壽的紅菇搭配上補氣潤燥的排骨，真是一道營養豐富的美味佳餚。

Ready

排骨 500 克
紅菇 80 克
胡椒粒半勺

八角
花椒
食鹽

為了保留營養，不要長時間燉煮紅菇。

 STEP 01 把排骨剁成小塊，清洗乾淨，放入沸水中焯一下，撇去浮沫後撈出備用。

 STEP 02 將紅菇清洗乾淨，放入水中浸泡 15 分鐘左右。

 STEP 03 把排骨放入燉鍋內，將浸泡紅菇的水倒入燉鍋內，注意不要把紅菇放入鍋內。

 STEP 04 將花椒、八角以及胡椒粒放入鍋內，用大火煮沸後調成小火燉煮 30 分鐘左右。

 STEP 05 排骨的香味出來後，把紅菇放入鍋內再燉煮 15 分鐘左右，調入適量食鹽就可以享用了。

燕窩

學 名	燕窩
別 名	燕菜、燕根、燕蔬菜
品相特徵	半月形，似人耳，晶瑩潔白

燕窩顧名思義就是燕子的窩，不過
這裏說的燕子可不是常見的家燕，
而是金絲燕。燕窩因其天然、不容
易獲得的特點，顯得格外昂貴。

好燕窩，這樣選

OK 挑選法

☑ 看形狀：整體為元寶形，大小均勻，外形完整，絲狀結構，而片狀結構的
則是假燕窩

☑ 聞味道：味道馨香，沒有刺鼻感，如果有刺鼻或者油腥味、魚腥味，說
明燕窩不是真的

☑ 燉煮辨真假：血燕窩和黃燕窩燉煮後顏色不易溶於水中，說明是真的

☑ 看顏色：一般晶瑩潔白，在燈光下為半透明狀，如果是完全透明，說明
不是真燕窩

☑ 摸一摸：放於水中泡軟後，用手拉絲不會斷、有彈性，揉搓不會成漿糊
狀，質量上乘

☑ 用火燒：燃燒時有輕微爆破聲，沒有煙和味道，燃燒後的灰燼為白色，
說明燕窩是真的

吃不完，這樣保存

燕窩本身屬珍貴的食品之一，在保存時，一旦方法不當就會讓它失去食用價值。保存燕窩的最佳方法是把它放入燕窩保鮮盒內，密封好後放到冰箱或陰涼、通風、乾燥、避光的地方保存。

一旦燕窩不幸受到潮氣，可以把它放到吹有冷氣的空調下風乾，一定不能用烤箱烘乾或是放到陽光下暴曬，因為這樣會讓它的營養大打折扣。

這樣吃，安全又健康

清洗

在吃燕窩之前需要脹發。為了充分保留燕窩中的營養成分，最好用冷水浸泡脹發，然後把燕窩放入注了清水的白色瓷盆內，用鑷子輕輕把燕窩上的燕毛、雜質擇掉，然後再用清水清洗乾淨。在清洗時，動作一定要輕柔，以免把燕窩弄破。之所以在擇洗燕毛等時選擇白色的瓷盆，是因為燕窩和瓷盆都為白色，容易發現雜質和燕毛。

食用禁忌

燕窩雖然含有豐富的營養元素，不過並不是所有人都可以吃。不滿 4 個月的嬰兒不可以吃燕窩，因為此時孩子的消化系統還沒有發育完全，食用後難以消化，反而會造成消化不良。雖然燕窩在抵抗癌症方面有一定作用，不過並不適合癌症晚期的患者食用。燕窩中含有豐富的蛋白質，所以對蛋白質過敏者也不能食用。另外，在吃燕窩的時候不能飲用茶水，最起碼食用完燕窩 1 小時內要禁止飲茶，因為茶水中的茶酸會破壞它裏面的營養元素。

健康吃法

燕窩屬性平的食物，可以和多種食物搭配食用。不過用燕窩和食物搭配時，

要掌握 "以清配清，以柔配柔" 的原則，也就是説，在吃燕窩的時候，儘量不要吃辛辣、油膩、酸性的食物，也不要吸煙。要想讓燕窩的營養被人體充分吸收，在吃的時候要掌握少食多餐，定點食用的原則，每次 20~30 克最佳。

tips

燕窩的功效：

滋陰潤肺，潤澤肌膚，補中益氣，促進腸胃吸收和消化，促進血液循環，抑制癌細胞，安胎補胎等。

營養成分表（每 100 克含量）

熱量及四大營養元素

熱量（千卡）	脂肪（克）	蛋白質（克）	碳水化合物（克）	膳食纖維（克）
109	4.1	17.6	0.5	-

礦物質元素（無機鹽）

鈣（毫克）	50
鋅（毫克）	2.08
鐵（毫克）	1
鈉（毫克）	53.7
磷（毫克）	204
鉀（毫克）	334
硒（微克）	15.3
鎂（毫克）	33
銅（毫克）	0.06
錳（毫克）	0.05

維他命以及其他營養元素

維他命 A（微克）	25
維他命 B_1（毫克）	0.03
維他命 B_2（毫克）	0.09
維他命 C（毫克）	-
維他命 E（毫克）	1.27
菸酸（毫克）	2.7
膽固醇（毫克）	84
胡蘿蔔素（微克）	-

木瓜燕窩

和胃、舒經通絡的木瓜搭配上滋陰潤肺、補中益氣的燕窩真是一道美味的營養佳品。

Ready

燕窩 10 克
木瓜半個

冰糖

STEP 01 把燕窩放入水中浸泡漲發，清洗乾淨後用手按照絲狀走向撕開備用。

STEP 02 將木瓜清洗乾淨，用勺子把瓜瓤挖出來，並挖去適量木瓜肉備用。把剩餘的木瓜當成木瓜盅。

STEP 03 把燕窩、木瓜以及清水倒入燉盅內，隔水燉 30 分鐘左右。

STEP 04 把燉好的木瓜燕窩倒入木瓜盅內，加入冰糖攪拌均勻後，再放入燉盅內隔水燉 15 分鐘就可以了。

燕窩為水溶性蛋白質，在浸泡時一些營養元素會溶於水中。為了保留營養，可以用浸泡的水燉煮燕窩。

Part 3
乾果

葡萄乾

學　　名	葡萄乾
別　　名	烏珠木、草龍珠、蒲桃、提子
品相特徵	呈橢圓形，顏色各異
口　　感	酸、香甜、特甜

說到葡萄乾，很多朋友首先想到的是新疆，的確這裏出產的葡萄乾味道甘甜，質量也比較高。不過市場上的葡萄乾種類繁多，質量也是層次不齊，為了吃到健康、安全的葡萄乾，大家在選購時要小心謹慎。

好葡萄乾，這樣選

NG 挑選法	OK 挑選法
☒ **果粒乾癟、有裂痕**——質量較次，有些營養成分遭到了破壞。	☑ 表皮沒有裂痕，果皮光滑，有一定光澤
☒ **表皮黏手，果粒黏在一起**——質量較次，營養價值低。	☑ 整體果粒大小均勻，較為飽滿
☒ **表皮上有一層糖油**——質量較次，營養成分含量非常低。	☑ 果粒表面乾燥，有一定空隙
	☑ 口感甘甜，不酸也不澀
	☑ 用手攥一把，鬆開手後果粒會快速散開

吃不完，這樣保存

葡萄乾雖然自身含有一定水分，但也會從外界吸收水分，所以在保存時，乾燥的環境是必需的。

把買回的散裝的葡萄乾裝入保鮮袋或者玻璃瓶中，紮緊袋口或蓋上蓋子後，把它放到陰涼、乾燥、通風地方，也可以放到冰箱冷藏室保存。需要注意的是，保存時要控制好溫度，一旦溫度超過 26℃ 就會發霉長蟲。另外，過一段時間後要把塑料袋或者玻璃瓶打開通氣，檢查葡萄乾的品質。

這樣吃，安全又健康

清洗

無論是自然條件下晾曬，還是烘乾製作，葡萄乾的表面都會有沙子或塵土附著。所以在食用之前都需要清洗。很多人在清洗時只是用清水簡單的沖洗一下，而這樣並不能把塵土清洗掉。

清洗時，可以把葡萄乾放入混合了麵粉的水中浸泡片刻，並輕輕搓洗，最後用清水沖洗乾淨就可以了。搓洗葡萄乾時力度不要太大，以免把葡萄乾弄破，造成二次污染。

除了上述的清洗方法外，還可以把葡萄乾放入開水中煮 1~2 分鐘，撈出後瀝乾水分就可以吃了。想要吃乾葡萄乾，可以把清洗後的葡萄乾放入微波爐烘乾。

健康吃法

葡萄乾含有大量的鐵和鈣，具有一定的補氣補血的功效。它富含礦物質元素以及氨基酸等，適合神經衰弱和過度勞累者食用。不過它含有大量的葡萄糖，所以不太適合糖尿病以及肥胖者吃。

tips

葡萄乾的搭配：

紅棗 + 葡萄乾——預防貧血，促進血液循環。

營養成分表 （每 100 克含量）

熱量及四大營養元素

熱量（千卡）	脂肪（克）	蛋白質（克）	碳水化合物（克）	膳食纖維（克）
341	0.4	2.5	83.4	1.6

礦物質元素（無機鹽）

鈣（毫克）	52	鉀（毫克）	995
鋅（毫克）	0.18	硒（微克）	2.74
鐵（毫克）	9.1	鎂（毫克）	45
鈉（毫克）	19.1	銅（毫克）	0.48
磷（毫克）	90	錳（毫克）	0.39

維他命以及其他營養元素

維他命 A（微克）	-	維他命 E（毫克）	-
維他命 B₁（毫克）	-	菸酸（毫克）	-
維他命 B₂（毫克）	0.09	膽固醇（毫克）	-
維他命 C（毫克）	5	胡蘿蔔素（微克）	-

美味你來嚐

葡萄乾粥

這道粥口感酸甜，在生津止渴、開胃健脾方面有不錯的功效。

Ready

葡萄乾 50 克
粳米 100 克

白糖

把粳米放入水中浸泡，這樣可以縮減熬煮的時間。

STEP 01 把葡萄乾放入冷水中浸泡片刻，清洗乾淨撈出瀝乾水分備用。

STEP 02 將粳米淘洗乾淨，放入冷水中浸泡 30 分鐘左右，撈出備用。

STEP 03 向鍋內倒入 1200 毫升清水，把粳米和葡萄乾放入鍋內，大火煮沸後調成小火熬煮。

STEP 04 關火前調入適量白糖調味，關火後燜片刻就可以食用了。

山楂乾

學　　名	山楂乾
別　　名	赤棗乾
品相特徵	片狀，棕色或棕紅色
口　　感	酸或甜

山楂乾是把新鮮的山楂果切成片後經過晾曬或烘乾製作而成的。眾所週知，新鮮山楂是季節性水果，一旦錯過就很難買到。正因為因此，很多人會選擇山楂乾代替新鮮山楂。為了吃到安全、健康的山楂乾，無論是挑選還是保存都要講究方法才可以。

好山楂乾，這樣選

NG 挑選法	OK 挑選法
☒ **肉色發黑，皮色暗紅**──可能是陳舊的或變質的，不宜選購。	☑ 切片大、薄
☒ **有蛀蟲、霉斑**──可能是變質的，營養價值低。	☑ 用手抓一把攥一下鬆開後立即散開，較為乾燥
☒ **切片小，僵硬**──質量較次，口感差。	☑ 氣味清香，酸味濃郁、純正
☒ **嚐起來沒有酸味，吃起來也很硬**──味道不好，屬次品。	☑ 肉質色澤淡黃色，果皮為鮮紅色
☒ **抓起來用手攥，鬆開手時舒張緩慢**──說明水分含量高，不易保存。	

吃不完，這樣保存

在保存山楂乾時，如果存放的地方和保存的方法不正確，那很可能導致山楂乾發霉變質。所以在保存山楂乾時，大家一定不要掉以輕心，把它隨意扔到一個地方。

恰當的保存方法是：把山楂乾裝入乾燥、沒有異味的塑料袋內，紮緊袋口，放到陰涼、通風、乾燥的地方保存。也可以把它裝入密封袋或者玻璃瓶內保存。為了能長時間保存山楂乾，可以把買回的山楂乾先在陽光下晾曬幾天，之後再保存。

這樣吃，安全又健康

清洗

山楂乾雖然屬乾果，不過在食用之前還是需要清洗的，這樣才能將附著於表面的塵土和細菌清洗掉，保證能夠吃到健康、安全的山楂乾。

清洗時，把山楂乾放入盛有清水的容器內，浸泡片刻，輕輕搓洗，再用清水沖洗乾淨即可。清洗時浸泡的時間不能太長，以免營養流失。

健康吃法

山楂乾含有多種維他命、黃酮類以及鈣、鐵等元素，有消積食、健脾胃，活血化瘀，防癌抗癌，保護心臟，降血脂和血壓的功效。月經不調、痛經的女性朋友不妨食用一些山楂乾以緩解症狀。此外，山楂乾不適合胃酸分泌較多、病後體虛以及患有牙齒疾病者食用。需要注意的是，不要空腹吃山楂乾。

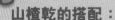

山楂乾的搭配：

山楂乾 + 冰糖——消食開胃，補充維他命 C，提高身體免疫力。

營養成分表（每 100 克含量）

熱量及四大營養元素

熱量（千卡）	脂肪（克）	蛋白質（克）	碳水化合物（克）	膳食纖維（克）
255	0.6	0.5	62.9	-

礦物質元素（無機鹽）

鈣（毫克）	555	鉀（毫克）	550
鋅（毫克）	3.82	硒（微克）	75.4
鐵（毫克）	11	鎂（毫克）	236
鈉（毫克）	4891.9	銅（毫克）	2.33
磷（毫克）	666	錳（毫克）	0.77

維他命以及其他營養元素

維他命 A（微克）	21	維他命 E（毫克）	1.46
維他命 B₁（毫克）	0.01	菸酸（毫克）	5
維他命 B₂（毫克）	0.12	膽固醇（毫克）	525
維他命 C（毫克）	-	胡蘿蔔素（微克）	-

山楂草莓飲

酸甜可口的茶湯搭配上新鮮的士多啤梨，真是一道開胃健脾的好茶。

Ready

山楂乾 1 小把
士多啤梨 5 顆

冰糖

STEP 01　把山楂乾用清水沖洗乾淨備用，把士多啤梨擇洗乾淨，對半切開備用。

STEP 02　在鍋中注入 2 碗清水，將清洗乾淨的山楂放入鍋內煮沸，等湯汁變紅後把冰糖放入鍋內，融化後攪拌均勻。

STEP 03　把切開的士多啤梨放入玻璃杯內，將煮好的湯汁倒入玻璃杯內浸泡 2~3 分鐘，溫涼後就可飲用了。

士多啤梨屬鮮果，最好不要下鍋煮，以免營養和口感都遭到破壞。

大棗

學　　名	大棗
別　　名	紅棗、乾棗、棗子
品相特徵	呈橢圓形或球形，紅色
口　　感	甘甜，清香

大棗是由成熟的新鮮紅棗經過加工或晾曬而製作成的乾果。紅棗可以說是女士們平常最應該吃的乾果之一，因為它在補氣補血方面的功效非常顯著。想要獲得紅棗中的最佳營養，那一定要選擇質素良好的大棗才可以。

好大棗，這樣選

NG 挑選法	OK 挑選法
☒ **顏色暗紅甚至發黑**──可能是陳舊的大棗，有些營養成分遭到了破壞。	☑ 聞起來有清香的味道，嚐起來甘甜可口
☒ **表皮上有裂開的紋路或者蟲眼**──存放時間太久，質量次，營養價值低。	☑ 用手捏時，外皮比較軟
☒ **個頭比較小，捏起來比較硬**──果肉少，質量次，口感差。	☑ 顏色深紅色，表面有光澤
☒ **嚐起來味道太甜，有膩口的感覺**──可能人工加工過。	☑ 果實飽滿，果肉厚實，個頭比較大
	☑ 表皮光滑，沒有裂紋、傷痕或蟲眼

吃不完，這樣保存

在保存大棗時，如果方法不正確，那它很容易生蟲子，熱別是在悶熱的夏季。在日常生活中，很多人把買回的大棗直接放到室內的地上，其實這種做法並不正確，因為紅棗很怕風吹，一旦長時間被風吹，那很容易變得乾癟，失去原有的口感。

那麼，應該怎樣保存大棗呢？存放大棗時，一定要把它放到陰涼、通風、再乾燥的地方。可以把買回的大棗裝入密封袋內，再向袋內撒上少許白酒，紮緊袋口存放。如果大棗的數量不是很多，還可以把它裝入保鮮袋紮緊袋口後放到冰箱冷凍保存。

如果大棗的數量比較多，那可以用瓷罈來保存。首先，把瓷罈清洗乾淨，徹底晾乾。其次，準備食鹽，大棗和食鹽的比例為 4:1，把食鹽放入鍋內炒熱後晾涼備用。最後，把大棗和食鹽按照一層大棗 一層食鹽的順序放入瓷罈內，最後再撒上一層食鹽，加蓋密封好後放到陰涼、通風、乾燥的地方保存。

這樣吃，安全又健康

清洗

大棗在食用之前一定要清洗，因為大棗在加工的過程中表面會沾有大量灰塵，尤其是在表皮的褶皺之中。很多人在清洗大棗時，只是用水簡單的沖洗一下，其實這樣並不能把它清洗乾淨。

正確清洗大棗的方法：把大棗放入溫水或混合了食用鹼的水中浸泡片刻，之後用柔軟的刷子輕輕刷洗大棗表皮，尤其是褶皺處，刷洗後再用清水沖洗一下就可以了。

清洗時，大家一定要注意，不要把大棗長時間浸泡在水中以免維他命流失。

健康吃法

大棗中含有蛋白質、維他命以及多種礦物質元素，有益氣補血、安神養血，健脾養胃，補腦，保護肝臟的作用。此外，它還是愛美女士不可缺少的乾果，因為它在滋潤肌膚，減緩皺紋和老人斑，防止脫髮方面的作用較為顯著。不過要注意，患有糖尿病者、腹脹者、患有寄生蟲病的孩子不能經常、大量吃大棗，以免病情加重。

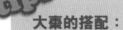

大棗的搭配：

大棗 + 魚肉——滋補促消化，還能美容養顏。

營養成分表（每 100 克含量）

熱量及四大營養元素

熱量（千卡）	脂肪（克）	蛋白質（克）	碳水化合物（克）	膳食纖維（克）
264	0.5	3.2	67.8	6.2

礦物質元素（無機鹽）

鈣（毫克）	64
鋅（毫克）	0.65
鐵（毫克）	2.3
鈉（毫克）	6.2
磷（毫克）	51
鉀（毫克）	524
硒（微克）	1.02
鎂（毫克）	36
銅（毫克）	0.27
錳（毫克）	0.39

維他命以及其他營養元素

維他命 A（微克）	2
維他命 B_1（毫克）	0.04
維他命 B_2（毫克）	0.16
維他命 C（毫克）	14
維他命 E（毫克）	3.04
菸酸（毫克）	0.9
膽固醇（毫克）	-
胡蘿蔔素（微克）	10

大棗生薑粥

這道美食具有很好的滋補功效。

Ready

粳米 250 克
大棗 5 顆
生薑 4 小塊

食鹽

 STEP 01 把粳米淘洗乾淨，把大棗清洗乾淨，去核取肉備用，把薑清洗乾淨，切成片備用。

 STEP 02 將粳米放入鍋內乾炒片刻後在鍋中注入清水，把大棗、薑片一起放入鍋內。

 STEP 03 大火煮沸後調成小火熬煮 20 分鐘左右，出鍋前調入適量食鹽調味即可。

加入食鹽調味不會有鹹的感覺，反而會使口味更加香甜。

桂圓

學　　名	桂圓
別　　名	益智、龍眼乾
品相特徵	接近球形

桂圓乾是新鮮桂圓加工後的乾果。它的味道雖不及新鮮桂圓，不過甘甜的口感備受人們喜愛。

好桂圓，這樣選

OK 挑選法
☑ 動手試：摸起來果殼更乾爽清脆，搖一搖沒有很大的響聲，說明果肉多，口感好
☑ 看果肉：果肉顏色在光照下為棕褐色，肉質緊致，吃起來甜而不膩
☑ 看顏色：果殼為黃褐色或偏棕色，不容易掉色，光澤自然
☑ 看形狀：果形完整，顆粒大小均勻，沒有凹陷或裂痕
☑ 聞味道：沒有煙燻的味道或沒有異味、硫磺的味道

吃不完，這樣保存

在保存時，大家可以把完整、沒有損壞的桂圓放入鋪了柔軟塑料薄膜的箱子內，裝好後把薄膜蓋好，把箱子放到陰涼、乾燥、通風的地方。如果家裏有少量的乾桂圓，那可以把桂圓裝入密封的袋子內，紮緊袋口後放到冰箱冷藏室保存。

這樣吃，安全又健康

清洗

桂圓食用之前需要剝掉外殼，如果外殼沒有破損，那食用之前可以用清水沖洗一下，這樣也能保證剝掉外殼後果肉不受污染。

食用禁忌

桂圓屬性溫熱，不適合上火、有發炎症狀的人食用。桂圓肉口感甘甜，患有糖尿病者最好不要吃。另外，孕婦也不要吃，因為懷孕後身體內熱，加之桂圓為性熱食物，兩者碰撞後容易導致流產。

健康吃法

桂圓既可剝皮直接食用，也可以做粥、煮湯等，無論怎樣食用，它的功效都能很好地發揮出來。桂圓屬性濕熱，不能大量食用，一般要控制在 5~10 顆，以免貪食導致身體不適。

桂圓的功效：

益氣補血，提升記憶力，消除疲勞，安神定志，抗菌消炎，降低血脂，保護心血管等。

營養成分表（每 100 克含量）

熱量及四大營養元素

熱量（千卡）	脂肪（克）	蛋白質（克）	碳水化合物（克）	膳食纖維（克）
273	0.2	5	64.8	2

礦物質元素（無機鹽）				維他命以及其他營養元素			
鈣（毫克）	38	鉀（毫克）	1348	維他命A（微克）	-	維他命E（毫克）	-
鋅（毫克）	0.55	硒（微克）	12.4	維他命B₁（毫克）	-	菸酸（毫克）	1.3
鐵（毫克）	0.7	鎂（毫克）	81	維他命B₂（毫克）	0.39	膽固醇（毫克）	525
鈉（毫克）	3.3	銅（毫克）	1.28	維他命C（毫克）	12	胡蘿蔔素（微克）	-
磷（毫克）	206	錳（毫克）	0.3				

桂圓乾燉雞

這道湯品味道鮮美，具有很好的滋補功效。

Ready

母雞半隻
桂圓乾 10 顆

枸杞子
蔥末
薑片
食鹽
陳皮

燉好後如果覺得太油膩，可以把湯上漂浮的油撇去。

 STEP 01 把母雞清洗乾淨，放入沸水中焯一下，撇去浮沫後撈出備用。

 STEP 02 把桂圓乾剝皮去核，取肉備用；將枸杞子清洗乾淨，瀝乾水分備用。

 STEP 03 將焯好的雞放入鍋內，倒入適量清水，加入薑片、陳皮大火煮沸。

 STEP 04 把桂圓肉和枸杞放入鍋內，大火煮沸後調成小火熬煮 60 分鐘左右，關火前調入食鹽攪拌均勻，之後將蔥花撒到上面即可。

無花果

學　　名	無花果
別　　名	無
品相特徵	倒圓錐狀或卵圓形，雞蛋黃色

無花果乾是由新鮮的無花果烘乾加工而成的。它的口感雖然不及新鮮的無花果，不過營養卻不比新鮮的無花果差。

好無花果乾，這樣選

OK 挑選法

☑ 看形狀：選擇顆粒飽滿、個頭較大、沒有蟲子的，質量和口感都比較好

☑ 用手捏：優質的無花果乾捏起來手感鬆軟

☑ 看顏色：顏色為暗黃色，自然光澤，質量上乘，不要選顏色發白的，因為這種可能被硫磺熏過

☑ 看果肉：果肉完整，色澤較為鮮亮、潤澤，質量好，口感佳

☑ 品味道：口感甘甜，稍微有些酸，質量上乘，口感比較好

吃不完，這樣保存

無花果乾本身質地較乾燥，冬季保存比較方便，而悶熱的夏季保存起來就比較麻煩了。可以試試下面的保存方法：

塑料袋密封法。把無花果乾裝入乾淨、沒有異味的密封袋內，紮緊袋口後放到陰涼、通風、乾燥的地方。

密封罐保存法。把無花果乾裝入透明的玻璃罐內，蓋緊蓋口後，放到陰涼、通風、乾燥的地方。

保存時，大家要注意，不要把無花果乾和其他乾貨放在一個容器內保存，以免串味。

這樣吃，安全又健康

清洗

在食用無花果乾之前，最好用清水將其沖洗幾次。在泡茶時，最好把第一次沖泡的茶倒掉，這樣能保證用無花果乾沖出來的茶乾淨、衛生。

食用禁忌

無花果乾屬性平和，食用時沒有什麼禁忌，一般人都可以食用。不過食物再美味，也不能大量食用，以免影響身體健康。

健康吃法

無花果乾營養豐富，食用方法也多種多樣。它既可以用來泡茶、煮粥，也可以燒湯、涼拌，無論怎麼食用，它的功效都能很好地發揮出來。如果把無花果乾研磨成粉末，吹喉用，還能達到潤喉、利咽的作用。

tips

無花果的功效：
促進食慾，潤腸通便，降血脂、降血壓，抗炎消腫，潤喉利咽、防癌抗癌等。

營養成分表（每 100 克含量）

熱量及四大營養元素

熱量（千卡）	脂肪（克）	蛋白質（克）	碳水化合物（克）	膳食纖維（克）
361	4.3	3.6	77.8	13.3

礦物質元素（無機鹽）

鈣（毫克）	363	鉀（毫克）	550
鋅（毫克）	0.8	硒（微克）	-
鐵（毫克）	4.5	鎂（毫克）	96
鈉（毫克）	10	銅（毫克）	-
磷（毫克）	67	錳（毫克）	-

維他命以及其他營養元素

維他命 A（微克）	1	維他命 E（毫克）	-
維他命 B₁（毫克）	0.13	菸酸（毫克）	0.79
維他命 B₂（毫克）	0.07	膽固醇（毫克）	-
維他命 C（毫克）	5.2	胡蘿蔔素（微克）	-

美味你來嚐

無花果瘦肉湯

美味營養的豬肉搭配上清香的無花果乾能起到調理腸胃的功效，很適合患有慢性腸炎、胃炎的人食用。

Ready

無花果乾 100 克
熟瘦豬肉 250 克

食鹽

無花果的數量可以自己定，喜歡吃可以多加一些。

 STEP 01 把無花果乾清洗乾淨，切開備用。

 STEP 02 把熟豬肉切成絲備用。

 STEP 03 向鍋內倒入適量清水，把豬肉絲和切好的無花果乾一起放入鍋內燉煮 20 分鐘左右，用食鹽調味後就可以飲湯了。

荔枝乾

學　　名	荔枝乾
別　　名	乾荔枝
品相特徵	圓形或扁圓形，黃褐色

荔枝乾是新鮮的荔枝經過自然乾燥等加工方法製作而成的食品。荔枝乾的營養和功效並不比新鮮的荔枝差。

好荔枝乾，這樣選

OK 挑選法
☑ 看整體：選擇果形完整，個頭較大、表皮沒有裂痕或破損的，這種荔枝乾肉多、味道好
☑ 看形狀：扁圓形的荔枝，肉多、果核小，質量好
☑ 聞味道：味道清香，入口甜，若有苦味說明是陳貨，不能購買
☑ 看果肉：果肉黃亮中透著紅，有皺紋
☑ 看顏色：表面為黃褐色，如果是黑褐色，說明荔枝乾存放了太長時間，營養比較差

吃不完，這樣保存

荔枝乾最怕潮濕、悶熱的天氣。如果把它長時間放到這樣的環境中，它很容易發霉變質。在保存荔枝乾時，一定要把它裝入密封袋內，排出空氣密封好後放到陰涼、乾燥、通風的地方或放到冰箱冷藏室保存。

密封罐保存法。把無花果乾裝入透明的玻璃罐內，蓋緊蓋口後，放到陰涼、通風、乾燥的地方。

這樣吃，安全又健康

清洗

荔枝乾在食用之前一般不需要清洗，因為水分會影響荔枝乾的口感。

食用禁忌

荔枝乾屬性溫熱，所以不適合陰虛火旺、大便乾燥的人吃，如果大量食用會導致燥熱、上火等症狀。荔枝乾中糖分含量並不比新鮮荔枝少，所以血糖較高和患有糖尿病者最好不要吃。

健康吃法

荔枝乾的功效並不比新鮮荔枝差，不過只有正確食用才能達到所需的功效。在食用荔枝乾時，要細嚼慢嚥，品味它甘甜的味道，緩慢嚥下去，這樣吃能達到保護聲帶的作用。荔枝乾適合心臟和肺部較為虛弱的人吃，食用後能達到強心健肺的目的。

tips

荔枝乾的功效：
壯心，健肺，益腎，養血，保護肝臟等，對治療氣虛胃寒、結核、貧血等功效顯著。

營養成分表（每 100 克含量）

熱量及四大營養元素

熱量（千卡）	脂肪（克）	蛋白質（克）	碳水化合物（克）	膳食纖維（克）
317	1.2	4.5	77.4	5.3

礦物質元素（無機鹽）			
鈣（毫克）	**12**	鉀（毫克）	-
鋅（毫克）	**0.01**	硒（微克）	-
鐵（毫克）	-	鎂（毫克）	-
鈉（毫克）	-	銅（毫克）	**0.05**
磷（毫克）	**114**	錳（毫克）	**0.06**

維他命以及其他營養元素			
維他命 A（微克）	-	維他命 E（毫克）	-
維他命 B₁（毫克）	-	菸酸（毫克）	**2.25**
維他命 B₂（毫克）	**0.32**	膽固醇（毫克）	-
維他命 C（毫克）	-	胡蘿蔔素（微克）	-

美味你來嚐

荔枝乾蓮子羹

滋脾補血的荔枝乾搭配上補脾固澀的蓮子，能達到治療脾虛類型月經過多的病症。

Ready

荔枝乾 20 顆
蓮子 60 克

冰糖

如果不是很喜歡甜食，可以不放冰糖，因為荔枝乾本身就比較甜

 STEP 01 把荔枝乾剝掉外皮，去掉果核，取果肉備用。

 STEP 02 將蓮子清洗乾淨放入水中發開後去掉蓮心備用。

 STEP 03 向燉鍋內倒入適量清水，把荔枝乾和蓮子放入鍋內，隔水燉 60 分鐘左右，關火前 5 分鐘放入冰糖調味就可以享用了。

瓜子

學　　名	瓜子
別　　名	葵花子
品相特徵	長水滴形，顏色以灰白為主
口　　感	味道清香，口感多樣

瓜子的種類很多，像西瓜子、南瓜子、吊瓜子、葵花子等。瓜子的品種不同營養功效也不同，其中以葵花子最為常見，那就以葵花子為例，來向大家介紹如何選購安全、健康的瓜子。

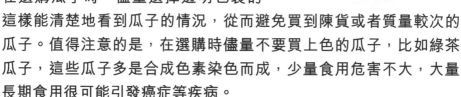

在選購瓜子時，儘量選擇透明包裝的，這樣能清楚地看到瓜子的情況，從而避免買到陳貨或者質量較次的瓜子。值得注意的是，在選購時儘量不要買上色的瓜子，比如綠茶瓜子，這些瓜子多是合成色素染色而成，少量食用危害不大，大量長期食用很可能引發癌症等疾病。

好瓜子，這樣選

NG 挑選法	OK 挑選法
☒ **顏色暗淡，發黑，沒有光澤**──可能是陳貨，有些營養成分遭到了破壞。	☑ 氣味清香，口感香醇
☒ **顆粒乾癟，大小層次不齊**──質量較次，口感較差。	☑ 整體完整，飽滿、堅硬，個頭較大，沒有損傷
☒ **用手摸時潮濕疲軟，沒有清脆的響聲**──變質或受潮的，營養含量非常低。	☑ 表皮顏色為暗灰色，不容易掉色，條紋較清晰，色澤光亮
☒ **吃起來有酸味、異味，口感發苦**──是陳貨，屬次品。	☑ 用手摸時，較為乾燥，抓起時能發出清脆的響聲

吃不完，這樣保存

瓜子是一種很容易受潮的堅果，一不小心它就會變疲，不但影響口感，甚至連營養都會降低。那如何保存才能避免瓜子受潮呢？

可以把瓜子裝入保鮮袋內，將空氣擠出來，紮緊袋口，放到陰涼、通風、乾燥的地方。如果家裏有密封的鐵盒或者儲藏罐，也可以把瓜子放入裏面保存。為了防止瓜子受潮，還可以把從其他食品中拿出的乾燥劑放進裏面，這樣就能很好地防止其受潮、生蟲了。

這樣吃，安全又健康

清洗

美味的瓜子在食用前不需要清洗，不過為了身體健康和安全，在剝瓜子皮時儘量不要用牙齒嗑，最好用手或者剝殼器剝。因為瓜子的表皮含有大量鹽分且較為堅硬，用牙齒嗑瓜子不但損傷牙齒的牙釉質，嚴重時還會造成口腔潰瘍，長時間吐瓜子殼還會讓味覺反應遲鈍。

健康吃法

瓜子中含有豐富的鐵、鋅、鎂等礦物質元素，在預防貧血、美容養顏方面有不錯的功效。它含有不飽和脂肪酸，但卻不含有膽固醇，因此具有降低血液中膽固醇含量，保護心血管的作用。另外，每天吃一小把瓜子，不但能為身體補充充足的維他命 E，還能達到安神、治療失眠，提升記憶力等作用。處於生育期的男士，每天可以吃一小把瓜子，因為它含有的精氨酸是產生精液不可缺少的物質。不過患有肝炎者儘量不要吃瓜子，因為嗑瓜子會損傷肝臟，甚至造成肝硬化。

瓜子的搭配：

葵花子不但是美味的零食，還是製作糕點的原料，在食用方面沒有什麼禁忌，只是每次不要吃太多，以防上火、口腔生瘡等。

營養成分表 （每 100 克含量）

熱量及四大營養元素

熱量（千卡）	脂肪（克）	蛋白質（克）	碳水化合物（克）	膳食纖維（克）
606	53.4	19.1	16.7	4.5

礦物質元素（無機鹽）

鈣（毫克）	115
鋅（毫克）	0.5
鐵（毫克）	2.9
鈉（毫克）	5
磷（毫克）	604
鉀（毫克）	547
硒（微克）	5.78
鎂（毫克）	287
銅（毫克）	0.56
錳（毫克）	1.07

維他命以及其他營養元素

維他命 A（微克）	-
維他命 B$_1$（毫克）	1.89
維他命 B$_2$（毫克）	0.16
維他命 C（毫克）	-
維他命 E（毫克）	79.09
菸酸（毫克）	4.5
膽固醇（毫克）	-
胡蘿蔔素（微克）	-

美味你來嚐

五香炒瓜子

自製的五香瓜子健康安全，營養元素豐富，可以放心食用。

Ready

生葵花子 500 克
冰糖 10 顆
桂皮 1 小塊
香葉 5 片
甘草 2 片
小茴香 2 勺
白芷 1 小塊
山奈 1 粒

八角
花椒
食鹽

 STEP 01 把生葵花子清洗乾淨，放入大盆內倒入足量水浸泡 30 分鐘左右。

 STEP 02 把葵花子撈出來放到大鍋內，把所有香料放入鍋內，放入冰糖、加入適量食鹽後倒入 2000 毫升清水，用大火煮沸後調成小火煮 20 分鐘左右關火。

 STEP 03 等自然冷卻後把葵花子撈出放入炒鍋內，將裏面大塊的香料挑出來棄置，然後開小火慢慢翻炒 40 分鐘左右，直到水分完全炒乾為止。中間加入適量食鹽調味。

 STEP 04 把翻炒好的葵花子放入平底容器內晾曬，自然冷卻後就可以吃了。

翻炒過程中要不停地攪動，以免把葵花子炒糊。

花生

學　名	花生
別　名	金果、長壽果、長果、番豆、地果、地豆、唐人豆、花生米、花生米、落花生、長生果
品相特徵	蠶繭形、串珠形和曲棍形，黃白色為主
口　感	有淡淡的甜味，豆腥味濃郁

花生是一種地上開花地下結果的神奇植物。它的果實不但可以直接吃，還能用來榨油。因其含油量接近 50%，因此它同大豆並列被讚譽為"植物肉"。不過想要吃到健康、安全的花生，一定要學會選購、烹飪的全部本領才行。

好花生，這樣選

NG 挑選法	OK 挑選法
☒ **果莢暗灰色或暗黑色，果仁紫棕褐色或黑褐色**──可能是陳貨，質量較次。	☑ 氣味清香，有花生獨有的香氣
☒ **果莢整體乾癟，大小不均勻，甚至有蟲蛀**──質量較次，口感差。	☑ 嚐起來有純正的花生香，沒有油味、酸澀的味道
☒ **果仁乾癟、破碎或發芽**──質量差，可能變質了，營養含量非常低。	☑ 果莢以白色和土黃色為佳
☒ **氣味平淡，甚至有發霉的味道或油膩味**──劣質花生，口感營養都較差。	☑ 果莢飽滿，沒有凹陷，大小均勻

吃不完，這樣保存

保存花生時，要根據具體情況選擇合適的方法。如果保存的方法不正確，那很可能讓花生發霉、長毛，甚至生蟲。

帶殼的花生需要在陽光下徹底晾乾，之後再裝入塑料袋內紮緊袋口，放到陰涼、通風、乾燥的地方保存。如果是帶殼的濕花生，則可以把花生裝入塑料袋內，放入冰箱冷凍室保存。

這樣吃，安全又健康

清洗

花生表皮可能會有泥土，在清洗時可以先把花生浸泡在水中 10 分鐘左右，之後揉搓花生將大部分泥土清洗下來，之後再把花生放到混合了麵粉的水中攪動，撈出後用清水沖洗乾淨就可以了。不過現在市場上販售的帶殼花生不是很髒，只要用清水沖洗幾遍就可以了。

健康吃法

花生中含有人體必需的氨基酸以及礦物質元素，能促進腦細胞發育，提升記憶力，還能促進兒童骨骼的生長、延緩衰老等。花生中含有大量的脂肪油和蛋白質，有控制食慾、滋補氣血、養血通乳的作用。想要控制血糖者，早上不妨吃一把生花生。此外，吃生花生還能保護心血管、降低患結腸癌的概率。不過患有胃潰瘍、慢性胃炎、慢性腸炎者以及痛風、消化不良者最好不要吃花生。

tips

花生的搭配：

花生 + 豬蹄——花生和豬蹄都含有豐富的蛋白質，兩者都具有滋補氣血的功效，一起食用自然能達到養血通乳的作用。

營養成分表（每 100 克含量）

熱量及四大營養元素

熱量（千卡）	脂肪（克）	蛋白質（克）	碳水化合物（克）	膳食纖維（克）
298	25.4	12	13	7.7

礦物質元素（無機鹽）

鈣（毫克）	8	鉀（毫克）	390
鋅（毫克）	1.79	硒（微克）	4.5
鐵（毫克）	3.4	鎂（毫克）	110
鈉（毫克）	3.7	銅（毫克）	0.68
磷（毫克）	250	錳（毫克）	0.65

維他命以及其他營養元素

維他命 A（微克）	2	維他命 E（毫克）	2.93
維他命 B₁（毫克）	-	菸酸（毫克）	14.1
維他命 B₂（毫克）	0.04	膽固醇（毫克）	-
維他命 C（毫克）	14	胡蘿蔔素（微克）	10

粳米花生粥

這道粥味道甘甜，在健脾開胃、養血通乳方面的功效較為顯著。

Ready

粳米 100 克
花生 50 克

冰糖

如果花生用水清洗了，那花生米可以不用再清洗。

 STEP 01 把粳米清洗乾淨，倒入清水浸泡 30 分鐘左右。

 STEP 02 把花生剝掉外殼，清洗乾淨，瀝乾水分備用。

 STEP 03 把浸泡好的粳米連同水一起倒入鍋內，放入花生米，用大火煮沸後調成小火熬煮 20 分鐘左右，直到粥變稠為止。

 STEP 04 關火前放入冰糖調味，融化後攪拌均勻即可享用。

核桃

學　　名	核桃
別　　名	合桃、胡桃、羌桃
品相特徵	呈球形，有不規則的皺紋
口　　感	香味濃郁

核桃的足跡幾乎遍佈全世界，其中以亞洲、歐洲地區最為常見。它是老百姓最為喜歡食用的堅果之一，之所以這麼招人喜愛，是因為它的營養豐富，在健腦強身方面有很好的功效。不過一些商家為了謀取利潤會以次充好欺騙消費者。因此大家在購買時一定要認真篩選。

好核桃，這樣選

NG 挑選法	OK 挑選法
☒ **果形大小不一，縫合線開裂**——可能是陳貨，有些營養成分遭到了破壞。	☑ 氣味清香，有核桃獨有的香味
☒ **表皮黑色，有霉斑**——劣質的核桃，營養價值低，口感差。	☑ 果仁飽滿，顏色為黃白色，仁白淨且新鮮
☒ **用手掂時分量較輕**——可能裏面的果仁小或者沒有果仁，屬次品。	☑ 果形個頭較大，圓整
☒ **聞起來有油味或者油膩味**——質量較次，口感很差。	☑ 摸起來較為乾燥，分量較重
☒ **果仁暗黃色或黃褐色，甚至泛著油光**——質量低劣的核桃，不適合購買。	☑ 果皮顏色較白，有光澤，縫合線嚴密

吃不完，這樣保存

核桃含有較高的營養物質，果皮較為堅硬，所以保存起來並不難，只要選對容器，放到合適的環境中就可以了。

恰當的保存方法。把曬乾的核桃裝入麻袋、布袋或竹籃內，紮緊袋口後放到陰涼、通風、乾燥的室內，同時溫度要控制在 1~2℃，最好不要超過 8℃。另外，存儲的環境要沒有老鼠或蟲害。

另外，如果核桃的數量較少，可以選擇真空存儲。把核桃裝入密封袋內，排盡空氣密封好後放到陰涼、通風、乾燥的地方。

這樣吃，安全又健康

清洗

市面上常見的核桃較為乾淨，再加之果皮較為堅硬，所以在食用之前可以不用清洗。不過為了乾淨，可以把它放入清水中，用軟毛的刷子輕輕刷洗，將藏於紋路內的髒東西清洗乾淨。清洗乾淨後要用乾淨的布把水分擦拭掉。需要注意的是，一定不能用洗滌劑清洗，以免污染果仁。

核桃皮比較難剝，可以選擇專用的核桃夾來剝皮。

健康吃法

核桃含有豐富的鋅元素和錳元素，有健腦益智的功效。它含有的精氨酸、油酸等在保護細血管、預防冠心病、老年癡呆等病症方面有一定的作用。核桃還是不錯的美容佳品，具有潤澤肌膚、讓肌膚白嫩的作用，同時還有烏髮的功效。不僅如此，它在預防神經衰弱、緩解疲勞、補虛強身、抗菌消炎、防癌抗癌等方面也有一定的功效。常人也不要一次性吃大量核桃，以免引起消化不良。

核桃的搭配：

核桃 + 芝麻——核桃有延緩衰老的功效，而芝麻在養血潤膚方面功效顯著，兩者同食能達到潤膚養顏的目的。

營養成分表（每 100 克含量）

熱量及四大營養元素

熱量（千卡）	脂肪（克）	蛋白質（克）	碳水化合物（克）	膳食纖維（克）
627	58.8	14.9	19.1	9.5

礦物質元素（無機鹽）

鈣（毫克）	56
鋅（毫克）	2.17
鐵（毫克）	2.7
鈉（毫克）	6.4
磷（毫克）	294
鉀（毫克）	385
硒（微克）	4.62
鎂（毫克）	131
銅（毫克）	1.17
錳（毫克）	3.44

維他命以及其他營養元素

維他命 A（微克）	5
維他命 B₁（毫克）	0.15
維他命 B₂（毫克）	0.14
維他命 C（毫克）	1
維他命 E（毫克）	43.21
菸酸（毫克）	0.9
膽固醇（毫克）	-
胡蘿蔔素（微克）	30

蜜汁核桃

這道美食口感香醇，患有便秘者可以吃一些來緩解便秘的症狀。

Ready

核桃仁 250 克

白糖
蜂蜜
芝麻

STEP
01
把核桃仁清洗乾淨，放入蒸鍋內加適量水蒸 15 分鐘左右，關火晾涼備用。

STEP
02
在鍋中注入清水，向鍋內加入適量白糖，白糖融化後把核桃仁倒入鍋內翻炒，翻炒片刻後加入適量蜂蜜。

STEP
03
等汁液濃稠，核桃仁全部裹上蜜汁後關火，撒上適量芝麻即可出鍋享用。

核桃的食用方法很多，既可直接剝皮生吃，也可以炒食，配製糕點，熬粥等。

栗子

學　　名	栗子
別　　名	栗子，毛栗
品相特徵	一面圓一面平，兩面都較平，多為深褐色
口　　感	甜，面

栗子是栗樹所結出的果實，我國早在4000多年之前就已經栽培種植了。市面上常見的小食品是糖炒栗子，雖然其味道香甜，不過安全問題讓人擔憂。如果大家想要吃到健康安全的栗子美食，最好的方法是挑選上好的栗子回家自己動手烹製。

好栗子，這樣選

NG 挑選法	OK 挑選法
☒ **表皮光滑，異常鮮亮**——可能是陳栗子，有些營養成分遭到了破壞。	☑ 表皮有一層薄粉，光澤自然，不是異常鮮亮
☒ **個頭很大**——水分多，甜度不夠，口感較差。	☑ 果形完整，大小有一些差異，多為新栗子
☒ **用手捏時感覺內部是空的**——說明果肉乾癟，口感會很差。	☑ 果肉淡黃色，水分少，口感甜，香味濃郁
☒ **用手搖晃時會發出響聲**——可能果肉已經乾硬，口感會較差。	☑ 用手捏時，果肉飽滿，堅實，沒有蟲眼
☒ **果肉棕褐色，堅硬無比**——是陳栗子，屬次品。	☑ 表皮顏色以褐色或紫褐色為佳，尾部絨毛較多

吃不完，這樣保存

正當栗子上市的時候，為了吃到新鮮的栗子，很多人會一次性購買很多，不過買回家後保存就成了難題，如何才能保證栗子的新鮮呢？大家不妨試一試下面這幾種方法。

方法一：把買回的栗子放到陰涼、通風的地方 2~3 天，陰乾後把栗子裝入布袋內，紮緊袋口後懸掛到陰涼、通風、乾燥的地方。不過每天要搖晃 1~2 次，這樣能保存大約 4 個月。

方法二：準備一個瓷罈和大量粗沙。首先，在罈子底部鋪上一層沙子，然後放上一層晾曬好的栗子後再鋪上一層沙子，以此類推，直到最後在蓋上一層沙子。需要注意的是，隔一段時間要噴一次水，水不要太多，以免栗子腐爛。

方法三：把栗子放到淡鹽水中浸泡 5 分鐘左右，撈出用水沖洗乾淨後，晾曬 2 天左右，直到用手搖晃聽到響聲為止，然後把栗子裝入密封袋內，把袋口紮緊後放到冰箱冷藏室保存就可以了。

這樣吃，安全又健康

清洗

吃栗子主要吃的是它的果肉，所以用栗子製作美食或加工栗子時只要用水簡單沖洗一下就可以了。如果覺得不是很乾淨，那可以用淡鹽水浸泡幾分鐘，再用水沖洗乾淨就可以了。

栗子清洗起來簡單但是剝皮就比較難了。下面就來說說如何剝掉栗子的外殼。

方法一：把栗子清洗乾淨，用刀子在凸起的地方切一道口子，把切好口子的栗子放入混合了食鹽的沸水中，蓋上蓋子燜 5 分鐘左右，之後趁熱將皮剝下。一旦水變涼了皮就不好剝了。

方法二：把清洗乾淨的栗子用刀子切一道口子，之後把栗子放入高壓鍋或電飯鍋內，不加水開火燜 3 分鐘左右，最後趁熱把皮剝下來即可。如果沒有高壓鍋或電飯鍋可以把它放入帶有蓋子的容器內，放到微波爐裏加熱。

健康吃法

栗子含有豐富的維他命以及不飽和脂肪酸，有延緩衰老、延年益壽的作用，是老年人理想的保健佳品。它具有預防高血壓、心臟病以及骨質疏鬆等病症的作用。它含有的核黃素在治療口腔潰瘍、兒童舌頭生瘡方面有一定的作用。另外，它含有的碳水化合物在健脾益氣、補腸胃方面也有一定功效。不過，患有糖尿病者不要吃栗子，以免引起血糖升高。

tips

栗子的搭配：

栗子＋雞肉——栗子有延年益壽的作用，雞肉能提高人體免疫力、強身健體，兩者一起食用能達到養身補血的作用。

營養成分表（每 100 克含量）

熱量及四大營養元素

熱量（千卡）	脂肪（克）	蛋白質（克）	碳水化合物（克）	膳食纖維（克）
212	1.5	4.8	46	1.2

礦物質元素（無機鹽）

鈣（毫克）	15	鉀（毫克）	-
鋅（毫克）	-	硒（微克）	-
鐵（毫克）	1.7	鎂（毫克）	-
鈉（毫克）	-	銅（毫克）	-
磷（毫克）	91	錳（毫克）	-

維他命以及其他營養元素

維他命 A（微克）	40	維他命 E（毫克）	-
維他命 B₁（毫克）	0.19	菸酸（毫克）	1.2
維他命 B₂（毫克）	0.13	膽固醇（毫克）	-
維他命 C（毫克）	36	胡蘿蔔素（微克）	-

栗子燒雞塊

這道美食在滋補、健身方面的功效較為顯著。

Ready

雞塊 1000 克
新鮮栗子 400 克

葱末
薑絲
料酒
生抽

 STEP 01 把栗子清洗乾淨，放入高壓鍋內壓 3 分鐘，之後趁熱把栗子的皮剝掉，取果仁備用。

 STEP 02 把雞塊清洗乾淨，放入沸水中焯一下，撇去浮沫後撈出瀝乾水分備用。

 STEP 03 鍋內倒入適量食用油，油熱後下葱薑爆香，倒入適量生抽，把雞塊下鍋翻炒至上色，加入適量清水煮沸後調入適量料酒煮 40 分鐘左右。

 STEP 04 關火前 10 分鐘左右把栗子放入鍋內燉煮 10 分鐘關火。關火後燜 10 分鐘左右再食用味道會更加鮮美。

> 栗子去皮的方法很多，大家可以根據具體情況選擇合適的方法。

腰果

學　　名	腰果
別　　名	雞腰果、介壽果、檟如樹
品相特徵	腎形，白色

腰果是腰果樹所結出的果實，它因為堅果的外形為腎形而得此名。成熟腰果清香四溢，口感清脆，備受人們喜歡。

好腰果，這樣選

OK 挑選法
☑ 摸一摸：用手摸時沒有黏手的感覺，比較乾燥
☑ 看顏色：顏色以白色為佳，表面沒有蟲眼、霉斑等
☑ 看整體：果形為腎形，完整沒有破損或缺失，果實飽滿
☑ 看果肉：果肉黃亮中透著紅，有皺紋
☑ 聞味道：味道清香，沒有霉味、異味和油膩的味道

吃不完，這樣保存

把新鮮的腰果裝入密封罐內，蓋上蓋子後放到陰涼、通風、乾燥的地方或者放到冰箱冷藏室保存。值得注意的是，腰果不能長時間保存，因為保存時間太長會讓它產生油膩味。

這樣吃，安全又健康

清洗

把新鮮的腰果放入清水中，用手攪拌一會兒，去掉雜質，然後把水倒掉，再按照上面的方法清洗，直到水不渾濁為止。

食用禁忌：

腰果油脂含量極其豐富，所以膽功能欠佳、腹瀉、患有腸炎者最好不要吃，以免病情加重。它含有多種過敏原，所以過敏體質者不能吃。另外，腰果的熱量比較高，體型肥胖者還是遠離為好。

健康吃法

腰果含有豐富的營養元素，既可作為零食食用，也可以製作美味佳餚。食用之前，最好把清洗乾淨的腰果浸泡 5 個小時。想要吃到健康、熱量較低的腰果，在炒製腰果時最好不要放食用油。為了自身健康，食用量也要控制好，每次以 10~15 粒為佳。

tips

腰果的功效：

潤腸通便，延緩衰老，滋潤肌膚，降低膽固醇含量，保護心血管，提升身體抵抗力，消除疲憊感，通乳等。

壯心，健肺，益腎，養血，保護肝臟等，對治療氣虛胃寒、結核、貧血等功效顯著。

營養成分表（每 100 克含量）

熱量及四大營養元素

熱量（千卡）	脂肪（克）	蛋白質（克）	碳水化合物（克）	膳食纖維（克）
552	36.7	17.3	41.6	3.6

礦物質元素（無機鹽）

鈣（毫克）	26
鋅（毫克）	4.3
鐵（毫克）	4.8
鈉（毫克）	251.3
磷（毫克）	395
鉀（毫克）	503
硒（微克）	34
鎂（毫克）	153
銅（毫克）	1.43
錳（毫克）	1.8

維他命以及其他營養元素

維他命 A（微克）	8
維他命 B₁（毫克）	0.27
維他命 B₂（毫克）	0.13
維他命 C（毫克）	-
維他命 E（毫克）	3.17
菸酸（毫克）	1.3
膽固醇（毫克）	-
胡蘿蔔素（微克）	49

腰果雞丁

美味營養的腰果炒雞丁在潤肺止咳、除煩躁方面有一定的食療作用。

Ready

腰果 50 克
雞肉 200 克
青紅椒各 1 個
雞蛋 1 個

薑
蒜
食鹽
料酒
生粉

STEP 01 把雞肉清洗乾淨，切成丁，放入小碗中，加入料酒、蛋白、生粉，攪拌均勻後醃製一段時間。把薑切成絲，蒜切成片備用，將青紅椒清洗乾淨，切成小塊備用。把腰果清洗乾淨備用。

STEP 02 向鍋內倒入少量食用油，油熱後把腰果放入鍋內用小火炒熟，盛出瀝乾油備用。

STEP 03 向鍋內再次倒入食用油，油稍微熱後下雞丁炒製變色，之後放入蒜瓣和薑絲調味。

STEP 04 向鍋內放入青紅椒，炒製片刻後放入腰果翻炒，最後調入食鹽和料酒調味，攪拌均勻後就可以出鍋享用了。

腰果本身含有油脂，炒食時可以不放油。

開心果

學　　名	開心果
別　　名	阿月渾子、胡棒子、無名子
品相特徵	呈卵形或長橢圓形，淡黃色
口　　感	甜且香氣濃郁

開心果是漆樹科無名木所結出的果
實，因為它具有開懷解鬱的作用，
因而得此名號。現它已經成為了人
們日常生活中的一種休閒小零食。

市場上很多開心果是商家包裝好
的，在挑選時，一定要選包裝完好無損，在保質期範圍內，廠家正
規出產的產品。

好開心果，這樣選

NG 挑選法	OK 挑選法
☒ **果殼的顏色異常白淨**——可能用雙氧水浸泡過，最好不要購買。	☑ 氣味清香，沒有油膩味
☒ **用手捏果殼，開口處合攏後有一條小縫隙或完全合攏**——人工開口，質量較次。	☑ 果殼顏色為淡黃色，光澤自然均勻
☒ **果仁呈黃色**——不新鮮或添加了漂白粉，質量次。	☑ 用手捏果殼，開口處不能完全合攏，有一條大縫隙
☒ **聞起來有油膩味**——存放時間太長，屬次品。	☑ 果實飽滿，個頭較大
	☑ 果仁顏色為綠色，說明沒有添加任何添加劑

吃不完，這樣保存

開心果是一種不能長時間存放的乾果，因為時間一長，它就會走油甚至變味，不但外觀會受到影響，口感更是會大打折扣。那購買回開心果後，應該怎麼保存呢？

把買回的開心果放入一個大型的玻璃瓶內，可以向瓶子內放入一小袋食品乾燥劑，之後蓋上蓋子，把它放到陰涼、通風、乾燥、避光的地方即可。乾燥劑一般是從其他袋裝食品中獲得的，屬再利用。需要注意的是，保存的容器以不透明、不透光為佳。

如果是袋裝的開心果，那在食用後可以用夾子把袋口密封好，放到陰涼、通風、乾燥處保存。一旦把包裝袋打開，最好在 2~3 個月內食用完畢，以免口感變差並使其營養降低。

這樣吃，安全又健康

清洗

開心果因為成熟後會自然開口，所以食用前儘量不要清洗，以免影響口感。開心果可以不清洗，不過食用前需要把果殼剝掉，在剝果殼遇到一些開口較小的果實時，可以用開心果已經剝下的果殼的一半，把尖端插進縫隙內，用力向上撬就輕而易舉地把果殼剝開了。

健康吃法

開心果含有豐富的礦物質元素和維他命，有延緩衰老、增強體質、潤腸通便、緩解動脈硬化、降低膽固醇、緩解緊張等作用。開心果那紫紅色的果衣含有豐富的抗氧化物質花青素，對保護視網膜有很好的作用。不僅如此，它還是減肥和想要保持苗條身材的女士首選的零食佳品。

開心果的搭配：

開心果 + 青瓜 + 番茄——振奮食慾，營養豐富，提高免疫力。

營養成分表（每 100 克含量）

熱量及四大營養元素

熱量（千卡）	脂肪（克）	蛋白質（克）	碳水化合物（克）	膳食纖維（克）
614	53	20.6	21.9	8.2

礦物質元素（無機鹽）

鈣（毫克）	108
鋅（毫克）	3.11
鐵（毫克）	4.4
鈉（毫克）	756.4
磷（毫克）	468
鉀（毫克）	735
硒（微克）	6.5
鎂（毫克）	118
銅（毫克）	0.83
錳（毫克）	1.69

維他命以及其他營養元素

維他命 A（微克）	-
維他命 B_1（毫克）	0.45
維他命 B_2（毫克）	0.1
維他命 C（毫克）	-
維他命 E（毫克）	19.36
菸酸（毫克）	1.05
膽固醇（毫克）	-
胡蘿蔔素（微克）	-

開心果火腿沙拉

這道美食有降血脂、降血壓、減肥等功效。

Ready

開心果 15 粒
火腿 1 片
青瓜 1 條
紅椒 1 個
罐裝粟米 1 罐
檸檬 1/2 個

橄欖油
黑胡椒粉
食鹽

 STEP 01 把青瓜、紅椒清洗乾淨切成丁，把火腿切成丁，把開心果果殼剝掉，取果仁。把上述食材放入大碗中。

 STEP 02 把罐裝粟米打開也倒入大碗中。

 STEP 03 將檸檬汁擠入小碗中，可以加適量檸檬果肉，以及適量的黑胡椒粉和食鹽，調入橄欖油攪拌均勻，調成沙拉汁。

 STEP 04 把調好的沙拉汁倒入大碗中，攪拌均勻就可以享用了。

開心果不但可以用來製作沙拉，還是糕點不錯的搭檔，大家在家製作糕點時不妨放上一些。

杏仁

學　　名	杏仁
別　　名	苦杏仁、北杏仁、杏核仁、杏子、杏人
品相特徵	扁平卵圓形，褐色

杏仁是薔薇科植物杏樹結出的乾燥的種子。它分為甜杏仁和苦杏仁兩種，一般人們常吃的為甜杏仁，苦杏仁多為藥用。

好杏仁，這樣選

吃不完，這樣保存

想要防止杏仁發霉，那一定要密封保存——把它裝入密封的罐子內或者密封袋內。冰箱冷藏可以延長其保質期限，不過一定要密封好，以免受潮或結冰導致杏仁發霉變質。值得注意的是，如果購買的是罐裝杏仁，在沒有開封的條件下，可以保存 2 年的時間。

這樣吃，安全又健康

清洗

杏仁在食用之前一般不需要清洗，因為水分會影響它的口感。

食用禁忌

杏仁中含有有毒的氫氰酸，此物質一旦被人體吸收便會與細胞中的含鐵呼吸酶相結合，從組織細胞輸送氧氣，進而造成身體缺氧，輕者出現頭暈、乏力等症狀，嚴重時會死亡，所以在吃杏仁時，一定要控制好量，以免中毒。此外，杏仁不能同豬肉、豬肺一起吃，兩者同食會引起腹痛。除此之外，產婦、嬰兒、糖尿病朋友、體質濕熱的人都不能吃杏仁。

健康吃法

杏仁有多種烹飪方法，既可以做粥、烙餅，也可以製作糕點、麵包，甚至還可以和蔬菜搭配製作出美食。不過在食用前都要把它加工熟或用清水多次浸泡，直到苦味消失，因為生杏仁有毒性，食用後會對身體造成傷害。杏仁最佳的食用方法是用溫熱的油炸。

tips

杏仁的功效：

止咳平喘，潤腸通便，降低膽固醇含量，預防心臟病和慢性病，改善癌症晚期症狀，預防腫瘤等。

營養成分表 （每100克含量）

熱量及四大營養元素

熱量（千卡）	脂肪（克）	蛋白質（克）	碳水化合物（克）	膳食纖維（克）
578	50.6	21.3	19.7	11.8

礦物質元素（無機鹽）

鈣（毫克）	248
鋅（毫克）	3.36
鐵（毫克）	4.3
鈉（毫克）	1
磷（毫克）	474
鉀（毫克）	728
硒（微克）	4.4
鎂（毫克）	275
銅（毫克）	1.11
錳（毫克）	2.54

維他命以及其他營養元素

維他命A（微克）	-
維他命B$_1$（毫克）	0.24
維他命B$_2$（毫克）	0.81
維他命C（毫克）	-
維他命E（毫克）	-
菸酸（毫克）	3.9
膽固醇（毫克）	-
胡蘿蔔素（微克）	-

杏仁銀耳山楂羹

這道美味的杏仁銀耳山楂羹具有清潤解暑的作用，非常適合在炎熱的夏季食用。

Ready

杏仁 25 克
水發銀耳 50 克
新鮮山楂 20 克
枸杞子 20 顆

食鹽
白糖
蜂蜜

STEP 01 把銀耳清洗乾淨，撕成小朵備用，把山楂清洗乾淨，去掉籽，切成薄片備用。把枸杞子、杏仁清洗乾淨。

STEP 02 向鍋內注入適量清水，把銀耳和枸杞子放入鍋內，用大火煮沸後調成中火煮 10 分鐘左右。

STEP 03 把杏仁、山楂片放入鍋內用大火煮沸後調入適量食鹽和白糖，攪拌均勻後用小火煮 20 分鐘關火。

STEP 04 盛入碗中，等溫涼後調入適量蜂蜜就可以飲用了。

如果不喜歡羹太甜，可以不加入蜂蜜或者少放一些白糖。

榛子

學　　名	榛子
別　　名	山栗子、尖栗、棰子、平榛、山反栗、槌子
品相特徵	接近球形，淡褐色

榛子是榛樹所結出的果實，外形同常見的栗子類似。吃起來口感甘甜的它是備受人們喜愛的堅果食品之一。

好榛子，這樣選

OK 挑選法
☑ 看整體。果形完整，飽滿，個頭較大，質量上乘
☑ 看果仁。果仁飽滿，黃白色，新鮮，味道清香，口感和營養都不錯
☑ 看外殼。外殼為棕色，光澤自然，質地薄，有裂口，用手一拍即開，質量較好

吃不完，這樣保存

保存時，把榛子裝入密封、乾燥的容器內或者乾燥的袋子內，密封好後放到低溫、通風、乾燥、避光的地方室內。溫度最好控制在 15~20℃。避免陽光直接照射，以免油脂分解產生油膩味，影響口感。

這樣吃，安全又健康

清洗

為了保證果殼上的塵土和有害物質不污染果仁，在食用生榛子前，需要用清水沖洗一下。不過清洗時要注意，果殼損壞的不能清洗，不要在水中長時間浸泡。

食用禁忌

榛子的油脂含量極其豐富，因此不適合膽功能欠佳者吃。每次食用的數量不要太多，以 25~30 克最佳。另外，長時間存放或有油膩味的榛子不能吃。

健康吃法

榛子的食用方法很多，既可以生吃，也可以炒熟吃。碾碎的果仁還是製作糕點時不錯的搭檔。把碾碎的果仁放入牛奶、酸奶中製作成榛子乳，味道也不錯。除了上述這些食用方法外，它還可以用來煮粥，口感好且營養豐富，很適合患癌症或糖尿病患者食用。

tips

榛子的功效：

軟化血管，治療和預防心血管疾病，增強體質，延緩衰老，利於身體發育，明目健腦，提升記憶力，增強消化系統能力等。

營養成分表（每 100 克含量）

熱量及四大營養元素

熱量（千卡）	脂肪（克）	蛋白質（克）	碳水化合物（克）	膳食纖維（克）
542	44.8	20	24.3	9.6

礦物質元素（無機鹽）				維他命以及其他營養元素			
鈣（毫克）	**104**	鉀（毫克）	**1244**	維他命 A（微克）	**8**	維他命 E（毫克）	**36.43**
鋅（毫克）	**5.83**	硒（微克）	**0.78**	維他命 B₁（毫克）	**0.62**	菸酸（毫克）	**2.5**
鐵（毫克）	**6.4**	鎂（毫克）	**420**	維他命 B₂（毫克）	**0.14**	膽固醇（毫克）	**-**
鈉（毫克）	**4.7**	銅（毫克）	**3.03**	維他命 C（毫克）	**-**	胡蘿蔔素（微克）	**50**
磷（毫克）	**422**	錳（毫克）	**14.94**				

榛子杞子粥

每天早晚空腹喝一碗此粥，不但能達到養肝益腎的作用，還能明目和滋潤肌膚呢。

Ready

榛子仁 30 克
枸杞子 15 克
粳米 50 克

 STEP 01 把榛子仁碾碎備用，把枸杞子清洗乾淨。把粳米淘洗乾淨後浸泡 20 分鐘左右。

 STEP 02 把榛子仁和枸杞子放入注入了清水的鍋內煮 20 分鐘左右，之後把渣滓去掉，將浸泡好的粳米下鍋熬煮成粥即可。

在熬煮粳米時，火不要太大，文火最佳。

松子

學　　名	松子
別　　名	海松子、松子仁、海松子、羅松子、紅松果
品相特徵	子卵狀三角形，紅褐色

松子是松樹的種子，口感非常好，風味又獨特，是人們非常喜愛的乾果之一。長期食用松子還會使皮膚得到滋潤。

好松子，這樣選

OK 挑選法
☑ 看果殼：果殼為淺褐色，有均勻的光澤，質地硬
☑ 看果仁：果仁潔白，新鮮，牙芯也為白色
☑ 看整體：果形完整，顆粒飽滿，大小均勻，沒有破損
☑ 捏一捏：用手捏松子時，果殼容易破碎，聲音清脆，仁衣有皺紋且容易脫落，質地較乾

吃不完，這樣保存

保存時，松子最怕高溫、受潮，尤其炎熱的夏季。它一旦受潮很快就會發霉、變質。因此保存時，可以把松子裝入密封的罐子內，在罐子裏放上一小袋食品乾燥劑，密封好後放到陰涼、乾燥、通風、避光處或冰箱冷藏室保存。需要注意的是，保存時一定要避光，因為陽光會讓油脂分解，產生油膩味。

這樣吃，安全又健康

清洗

一般來說，松子在食用前不用清洗，因為主要吃的是內部的果仁，會將果殼丟掉。

食用禁忌

松子食療功效非常顯著，不過並不適合所有人食用，像脾胃虛寒、腹瀉以及多痰者最好遠離。如果松子有油膩味，可能已經變質，最好不要食用，以免影響身體健康。

健康吃法

松子的食用方法很多，既可炒著吃也可以煮著吃。無論哪種方法，在吃的時候都要控制好食用的量，每天以 20~30 克為宜，因為松子中含有大量油脂，大量服用可能會導致脂肪增多，不但不能很好的吸收它的營養元素，還會導致身體發胖。

松子的功效：

消除疲勞，預防心血管疾病，潤膚養顏，延緩衰老，通腸便，滋陰潤肺，健腦，預防老年癡呆等。

營養成分表（每 100 克含量）

熱量及四大營養元素

熱量（千卡）	脂肪（克）	蛋白質（克）	碳水化合物（克）	膳食纖維（克）
698	70.6	13.4	12.2	10

礦物質元素（無機鹽）				維他命以及其他營養元素			
鈣（毫克）	78	鉀（毫克）	502	維他命A（微克）	2	維他命E（毫克）	32.79
鋅（毫克）	4.61	硒（微克）	0.74	維他命B₁（毫克）	0.19	菸酸（毫克）	4
鐵（毫克）	4.3	鎂（毫克）	116	維他命B₂（毫克）	0.25	膽固醇（毫克）	-
鈉（毫克）	10.1	銅（毫克）	0.95	維他命C（毫克）	-	胡蘿蔔素（微克）	10
磷（毫克）	569	錳（毫克）	6.01				

松子粥

此粥味道清香，在滋陰降火方面功效顯著，適合陰虛火旺、口乾口苦、頭暈目眩者吃。

Ready

松子 30 克
粳米 50 克

 STEP 01　把松子外殼去掉，取果仁備用。

 STEP 02　把粳米淘洗乾淨，用清水浸泡 20 分鐘左右。

 STEP 03　向鍋內注入適量清水，把松子仁放入鍋內開火煮沸後，把浸泡好的粳米放入鍋內，大火煮沸後用小火熬煮 30 分鐘左右，粥變稠即可。

向鍋內放粳米時，最好不要把浸泡的水倒入鍋內。之所以浸泡是為了煮起來方便些。

羅漢果

學　　名	羅漢果
別　　名	假苦瓜、拉漢果、光果木鱉、拉汗果、金不換、羅漢表、裸龜巴
品相特徵	球形或長圓形，黃褐色

羅漢果是中國一種獨有的葫蘆科植物。羅漢果所長出的果實，經低溫乾燥後製作成常見的羅漢果。它素有良藥佳果的美稱。

在保存羅漢果時，可以把它裝入密封的玻璃存儲罐內，蓋上蓋子密封好後，把它放到陰涼、通風、乾燥、避光的地方。

好羅漢果，這樣選

OK 挑選法

☑ 看整體：果形完整，沒有破損或者蟲蛀、發霉的跡象，果皮上有一層細小的絨毛

☑ 嚐一下：嚐一塊果肉，味道甘甜沒有苦味看顏色。果皮為黃褐色，有自然的光澤

☑ 搖一搖：用手拿起羅漢果搖晃一下，沒有聲響看形狀。個頭大，形狀端正、較圓

☑ 掂一掂：拿起兩個大小差不多的羅漢果掂一下，選擇質量較重的，果肉較飽滿

這樣吃，安全又健康

清洗

羅漢果的果皮非常薄，也容易破碎，所以使用之前不用清洗。

食用禁忌

羅漢果屬性寒涼，所以脾胃虛寒者要遠離。羅漢果味道甘甜，雖然含有大量甜味素，但是不會產生熱量，所以肥胖或者患有糖尿病者可以用它代替糖。

健康吃法

羅漢果作為一種藥食兩用的食材，以泡茶、入藥為主。它製作的美味茶飲種類繁多，食療功效也很顯著。在用羅漢果泡茶時，可以用尖銳的東西在果殼的兩端各鑽一個小洞，把它放入茶壺中沖入沸水就可以了。羅漢果還可以用來燉湯，它的加入會讓湯變得甘甜清潤。另外，它還可以用來製作糕點、餅乾以及糖果等。

tips

羅漢果的功效：

清熱潤肺，止咳化痰，潤腸通便，抗衰老，降血脂等。

營養成分表（每 100 克含量）

熱量及四大營養元素

熱量（千卡）	脂肪（克）	蛋白質（克）	碳水化合物（克）	膳食纖維（克）
169	0.8	13.4	65.6	38.6

礦物質元素（無機鹽）

鈣（毫克）	40
鋅（毫克）	0.94
鐵（毫克）	2.6
鈉（毫克）	10.6
磷（毫克）	180
鉀（毫克）	134
硒（微克）	2.25
鎂（毫克）	12
銅（毫克）	0.41
錳（毫克）	1.55

維他命以及其他營養元素

維他命 A（微克）	-
維他命 B_1（毫克）	0.17
維他命 B_2（毫克）	0.38
維他命 C（毫克）	5
維他命 E（毫克）	-
菸酸（毫克）	9.7
膽固醇（毫克）	-
胡蘿蔔素（微克）	-

羅漢果枇杷湯

這道口感酸甜的湯在潤肺止渴、清肺方面有不錯的功效。

Ready

羅漢果 1 個
枇杷 5 個

冰糖

STEP 01 把枇杷清洗乾淨，去皮去籽，取果肉備用。

STEP 02 把羅漢果的外皮剝掉，取果肉備用。

STEP 03 向鍋內注入足量的清水，把剝好的羅漢果的果肉放入鍋內，用大火煮沸後調成小火煮半個小時。

STEP 04 等鍋內的湯汁變稠後放入枇杷果肉以及冰糖再煮一段時間，關火後燜片刻即可飲用。

> 羅漢果本身比較甘甜，如果不喜歡湯太甜，可以不放冰糖。

Part 4
海鮮乾貨

蝦皮

學　　名	蝦皮
品相特徵	蝦形，個頭小
口　　感	鮮香，海腥味較重

蝦皮並不是蝦的皮，而是利用一種小蝦通常是中國毛蝦，經過晾曬後加工而成。因為毛蝦曬乾後肉質幾乎用肉眼很難看到，讓人覺得只有一層蝦皮，因此被稱作"蝦皮"。為了吃到美味、健康的蝦皮，大家無論是挑選還是烹飪時都要謹慎。

蝦皮分為兩種，一種是生曬蝦皮，另一種是熟曬蝦皮。前者是直接淡曬而成，鮮度比較高；後者是加鹽煮熟後曬製而成，依然有鮮味。

好蝦皮，這樣選

NG 挑選法	OK 挑選法
☒ **顏色為鮮紅色或特別白**──可能變質或用過化學原料，儘量不要購買。	☑ 海鮮味濃郁，沒有霉味或刺鼻的味道
☒ **缺少頭或尾，身體不是彎鉤形，雜質比較多**──質量比較次，口感較差。	☑ 體形完整，個頭較大，身體為彎鉤形，肉質豐滿
☒ **用手抓一把　一下鬆開後不能很好地散開**──水分含量大，不容易保存，最好不要買。	☑ 嚐起來不是非常鹹，口感自然
☒ **聞起來有霉味**──存放時間太長或已經變質，屬次品。	☑ 用手摸起來乾爽，抓一把鬆開後能自然散開
	☑ 顏色為淡黃色或琥珀色，光澤自然

NG 挑選法	OK 挑選法
☒ **嚐起來比較鹹**——大量或長時間吃會影響身體健康，不宜選購。	

吃不完，這樣保存

保存蝦皮時，如果方法不正確，那它很可能受潮變質，甚至會散發出濃烈的氨味。在保存時，很多人喜歡把蝦皮直接裝到食品塑料袋內放到櫥櫃內保存，其實這樣的方法並不妥當，尤其是在悶熱的夏季。

恰當的保存方法：把剛買回的蝦皮裝入食品保鮮袋內，密封好之後放到陰涼、通風、乾燥的地方或是直接放到冰箱冷凍室保存。

如果買回的蝦皮已經受潮，那可以把蝦皮用鍋炒一下，等表皮乾燥後晾涼，把它裝入密封袋內密封好後放到冰箱冷凍室或陰涼、乾燥、通風處即可。蝦皮的種類不同，在存放時要儘量分開，以免串味，影響口感。

這樣吃，安全又健康

清洗

清洗時，最好用水浸泡 15 分鐘左右，用冷水浸泡時中間要換 3~5 次水，用溫水浸泡只需要換 2~3 次就可以了。也可以把它放入沸水中煮 5~8 分鐘。

健康吃法

蝦皮中不但富含蛋白質，還含有多種礦物質元素，甚至被稱作 "鈣庫"。豐富的鈣元素不但能促進胎兒骨骼、牙齒以及神經系統的發育，還是缺鈣者補充鈣的不錯途徑。它含有的鎂元素具有調節心臟活動的能力，能很好地預防動脈硬化、高血壓以及心肌梗塞等疾病。此外，常吃蝦皮還能達到鎮定、預防骨質疏鬆的功效。不過蝦皮是一種發物，不適合患有皮膚病者或容易上火者食用。

蝦皮的搭配：

蝦皮 + 紫菜 + 雞蛋——充分補充蛋白質、鈣等營養元素

營養成分表（每 100 克含量）

熱量及四大營養元素

熱量（千卡）	脂肪（克）	蛋白質（克）	碳水化合物（克）	膳食纖維（克）
153	2.2	30.7	2.5	-

礦物質元素（無機鹽）

鈣（毫克）	991
鋅（毫克）	1.93
鐵（毫克）	6.7
鈉（毫克）	5057.7
磷（毫克）	582
鉀（毫克）	617
硒（微克）	74.43
鎂（毫克）	265
銅（毫克）	1.08
錳（毫克）	0.82

維他命以及其他營養元素

維他命 A（微克）	19
維他命 B$_1$（毫克）	0.02
維他命 B$_2$（毫克）	0.14
維他命 C（毫克）	-
維他命 E（毫克）	0.92
菸酸（毫克）	3.1
膽固醇（毫克）	428
胡蘿蔔素（微克）	-

肉末蝦皮粥

這道美味的粥在提高免疫力、補充維他命以及補鈣方面功效較為顯著。

Ready

豬瘦肉末 10 克
蝦皮 5 克
大米 25 克
冬菇 5 克
白菜 25 克

食鹽
葱花
食用油

STEP 01 把大米淘洗乾淨備用，把蝦皮清洗乾淨，切碎備用，把白菜、冬菇清洗乾淨切碎備用。

STEP 02 把淘洗乾淨的大米放入鍋內，加入適量清水用大火煮沸後調成小火熬煮成粥。

STEP 03 向油鍋內倒入適量食用油，油熱後再把肉末炒一下，之後放入蝦皮、白菜以及冬菇翻炒，最後放入葱花調味。

STEP 04 把炒好的食材倒入鍋內熬煮一會兒，之後調入適量食鹽攪拌均勻就可以享用了。

在製作時，如果不想用大米，也可以使用小米。

蝦米

學　　名	蝦米
別　　名	海米、蝦乾
品相特徵	淺紅色
口　　感	海鮮味濃郁，微鹹

蝦米是海中所產的白蝦、紅蝦或者青蝦經過鹽水焯後曬乾，之後再去殼去雜質加工而成。之所以被稱作"海米"是因為它的加工過程同舂米類似。想要吃到美味的蝦米，挑選和烹飪時都要謹記健康和安全這兩個方面。

好蝦米，這樣選

NG 挑選法	OK 挑選法
☒ **外殼通體為紅色，看不到瓣節**——可能是染色的蝦米。	☑ 蝦體彎曲，飽滿，大小均勻
☒ **整體比較碎，有雜質，大小不均勻**——質量比較次，口感比較差。	☑ 蝦體為黃亮色或淺紅色為主，瓣節紅白相間，有斑點
☒ **體形筆直或不彎曲**——利用死蝦加工的，質量較次。	☑ 鮮香之中有絲絲甜味，鹹淡適中
☒ **嚐起來鹹味較重，甚至有苦澀的味道**——質量差，屬次品。	☑ 整體較為乾淨，沒有雜質、蝦糠等
☒ **聞起來有刺鼻的味道**——可能是毒蝦米，質量差，不能吃。	

吃不完，這樣保存

蝦米雖然是乾貨，不過它的外殼已經被去掉了。如果保存方法不恰當，很可能會受潮變質，甚至出現臭味。如何才能保證蝦米鮮香的味道，又能防止它受潮變質呢？你不妨試一試下面的方法：

把買回的蝦米先攤開放到陰涼、通風、乾燥的地方放置 1 天，之後用一個乾淨、乾燥的塑料瓶把它裝起來，再向瓶子內放上兩瓣大蒜，蓋上蓋子放到陰涼通風、乾燥地方或冰箱保存即可。

這樣吃，安全又健康

清洗

很多人在食用蝦米之前都不會清洗，認為這樣會讓它的營養流失，其實這樣的做法並不可取。因為蝦米在加工過程中會沾染上大量有害物質，一旦進入體內很可能會影響健康，所以在食用之前清洗是很有必要的。

清洗時，用清水浸泡一會兒，輕輕揉搓一下，再用清水沖洗乾淨即可。

在食用之前需要泡發，把清洗乾淨的蝦米放到溫水中浸泡 10~15 分鐘，當肉質變軟後就可以了。

健康吃法

蝦米和蝦皮的營養成分不相上下。蝦米也含有豐富的鈣元素，也是不錯的補鈣食品。它富含豐富的鎂元素，在保護心血管系統方面功效顯著，不僅如此，它還具有降低血液中膽固醇含量、預防動脈硬化等作用。不過，蝦米是發物，不適合患有皮膚病、支氣管炎以及容易上火者食用。

tips

蝦米的搭配：
蝦米 + 冬瓜──能夠清熱祛暑和解毒。

營養成分表（每100克含量）

熱量及四大營養元素

熱量（千卡）	脂肪（克）	蛋白質（克）	碳水化合物（克）	膳食纖維（克）
198	2.6	43.7	-	-

礦物質元素（無機鹽）

鈣（毫克）	555	鉀（毫克）	550
鋅（毫克）	3.82	硒（微克）	75.4
鐵（毫克）	11	鎂（毫克）	236
鈉（毫克）	4891.9	銅（毫克）	2.33
磷（毫克）	666	錳（毫克）	0.77

維他命以及其他營養元素

維他命 A（微克）	21	維他命 E（毫克）	1.46
維他命 B₁（毫克）	0.01	菸酸（毫克）	5
維他命 B₂（毫克）	0.12	膽固醇（毫克）	525
維他命 C（毫克）	-	胡蘿蔔素（微克）	-

美味你來嚐

蝦米煮冬瓜

這道美味的蝦米煮冬瓜不但味道鮮香，還具有降血脂的功效呢。

Ready

蝦米 10 克
冬瓜 250 克

葱末
薑片
胡椒粉
食鹽
雞精

 把蝦米清洗乾淨，放到水中浸泡 10 分鐘左右，撈出瀝乾水分備用。

 把冬瓜去皮去瓤清洗乾淨，切成片備用。

 向鍋內倒入適量食用油，油熱後下葱末和薑片爆香，之後放入冬瓜和蝦米炒幾分鐘。

 向鍋內放入胡椒粉和食鹽調味，翻炒均勻後就可以出鍋享用了。

> 冬瓜片的厚度不能太薄。如果太薄炒時容易爛掉。

魷魚乾

學　　名	魷魚乾
品相特徵	長形或橢圓形，扁平片狀
口　　感	海鮮味以及淡淡的鹹味

魷魚乾是魷魚或者橋烏賊經過加工後製作成的乾品。魷魚乾分為魷魚淡乾品和烏賊淡乾品。兩者製作材料不同，品質自然也有差別，以魷魚淡乾品為佳。

好魷魚乾，這樣選

NG 挑選法	OK 挑選法
☒ **體形蜷縮，不完整，甚至有斷頭**——質量比較次，口感會比較差。	☑ 氣味清香，沒有刺鼻的味道
☒ **肉體鬆軟，比較薄，甚至乾枯**——次品，口感差，不要購買。	☑ 體形完整，厚薄均勻，多為扁平的薄塊狀
☒ **顏色暗紅，不透明**——品種較次，不適合選購。	☑ 肉體潔淨，沒有缺損，肉質厚實
☒ **體表有大量白霜，背部顏色暗紅色或暗灰色**——存放時間太長，可能已經變質。	☑ 體表稍微有一層白色的霜
☒ **聞起來有刺鼻的味道**——可能使用過化學原料，吃後會影響身體健康。	☑ 肉體顏色為黃白色或淡粉色，呈半透明狀

吃不完，這樣保存

魷魚乾屬乾品，保存起來較為方便。下面介紹兩種保存方法。

方法一：把魷魚乾懸掛到陰涼、通風、避光、低溫的地方就可以了。

方法二：把魷魚乾用保鮮袋裝起來，紮緊袋口後放到陰涼、通風、乾燥、低溫處或者放到冰箱冷凍保存。

這樣吃，安全又健康

清洗泡發

魷魚乾在食用之前一般需要用清水沖洗乾淨，泡發後要將表面的黏液以及雜質等清洗乾淨。魷魚乾在食用前一定要先泡發，泡發的方法有很多，來看幾個常用的泡發方法。

鹼水泡發法：首先，把魷魚乾放到冷水中浸泡 2 個小時，之後再放到按照水和食用鹼 1:100 的比例混合好的水中浸泡 12 個小時，撈出來用清水徹底清洗乾淨就可以享用了。

香油泡發法：首先，按照魷魚乾和香油 50:1 的比例，把香油倒入水中，同時加入少量食用鹼，把水攪拌均勻後將魷魚乾放入水中浸泡至變軟即可。

健康吃法

魷魚乾富含礦物質元素，對骨骼的生長有很好的促進作用，同時在治療貧血方面也有一定效果。它含有的牛磺酸不但能阻止血液中膽固醇的積累，還能緩解身體的疲勞感，幫助恢復視力。不僅如此，它在抵抗病毒、放射線方面也發揮著一定的作用。不過，魷魚乾屬性寒涼，不適合脾胃虛寒者吃。魷魚乾屬發物，因此不適合患有皮膚疾病者吃。另外，魷魚乾含有的膽固醇較高，因此患有心血管病症者最好遠離。

營養成分表（每 100 克含量）

熱量及四大營養元素

熱量（千卡）	脂肪（克）	蛋白質（克）	碳水化合物（克）	膳食纖維（克）
313	4.6	60	7.8	-

礦物質元素（無機鹽）

鈣（毫克）	87	鉀（毫克）	1131
鋅（毫克）	11.24	硒（微克）	156.12
鐵（毫克）	4.1	鎂（毫克）	192
鈉（毫克）	965.3	銅（毫克）	1.07
磷（毫克）	392	錳（毫克）	0.18

維他命以及其他營養元素

維他命 A（微克）	-	維他命 E（毫克）	-
維他命 B₁（毫克）	-	菸酸（毫克）	-
維他命 B₂（毫克）	-	膽固醇（毫克）	-
維他命 C（毫克）	-	胡蘿蔔素（微克）	-

辣椒炒魷魚乾

青色的辣椒搭配上能阻止膽固醇在血液中積累的魷魚乾真是一道不錯的美食。

Ready

魷魚乾 250 克
辣椒 150 克

蠔油
食鹽
食用油

喜歡吃辣椒者,在炒青椒的時候可以放一些乾辣椒。用油把乾辣椒炸一下即可。

 STEP 01 把魷魚乾清洗乾淨泡發好,清洗掉上面的黏液後切成絲備用。將青椒清洗乾淨切成絲備用。

 STEP 02 把切好的魷魚絲內放入適量蠔油醃製片刻。

 STEP 03 鍋內倒入適量食用油,放入青椒絲翻炒,炒熟後盛出備用。

 STEP 04 向鍋內倒入適量食用油,油熱後下魷魚絲炒熟,等魷魚絲稍微變彎後,把炒熟的青椒倒入鍋內,加適量食鹽調味就可以出鍋了

銀魚乾

學　　名	銀魚乾
品相特徵	海蜒
口　　感	細長圓筒形，白色

銀魚乾是鮮活的銀魚加工曬乾而成的。雖然它的味道要比新鮮銀魚稍差一些，不過容易保存，營養功效也不比新鮮銀魚差，因此備受人們喜愛。

好銀魚乾，這樣選

OK 挑選法
☑ 嚐味道：味道鮮美，沒有異味或苦澀的味道
☑ 看肉質：肉質鮮嫩，魚身乾爽，質量上乘
☑ 看外形：體形完整，沒有缺損，個頭大小差異不大
☑ 看顏色：顏色潔白，稍微泛黃，光澤自然。顏色太白，用過漂白劑或熒光劑，質量差

吃不完，這樣保存

保存銀魚乾時，可以把銀魚乾裝入塑料袋密封或者裝入密封罐內，放到陰涼、通風、乾燥的地方。此外，還可以裝入保鮮袋內紮緊袋口放到冰箱冷凍保存。

這樣吃，安全又健康

清洗

把銀魚乾放入容器內，用流動的清水沖洗兩遍即可。

食用禁忌

銀魚乾屬性平和，是一種高蛋白質低脂肪的食材，所以一般人都可以吃，尤其適合身體虛弱，營養欠佳，消化不良，脾胃虛寒和患有高血脂者食用。

健康吃法

想要吃到美味的銀魚乾，正確烹飪方法是必不可少的。銀魚乾既可用油炸，也可以煲湯，還可以炒菜。無論採用什麼方法，在食用之前都需要泡發一下，把它放到涼水中浸泡至變軟，撈出瀝乾水分就可以使用了。

銀魚乾的功效：

潤肺止咳，補脾胃，益肺利水，提升身體免疫力等。

營養成分表（每 100 克含量）

熱量及四大營養元素

熱量（千卡）	脂肪（克）	蛋白質（克）	碳水化合物（克）	膳食纖維（克）
1709.4	13	72.1	-	-

礦物質元素（無機鹽）

鈣（毫克）	**761**	鉀（毫克）	-
鋅（毫克）	-	硒（微克）	-
鐵（毫克）	-	鎂（毫克）	-
鈉（毫克）	-	銅（毫克）	-
磷（毫克）	**1000**	錳（毫克）	

維他命以及其他營養元素

維他命 A（微克）	-	維他命 E（毫克）	-
維他命 B$_1$（毫克）	-	菸酸（毫克）	-
維他命 B$_2$（毫克）	-	膽固醇（毫克）	-
維他命 C（毫克）	-	胡蘿蔔素（微克）	-

美味你來嚐

麻辣銀魚乾

香辣的銀魚乾雖然味道有一些辣，不過在補脾胃方面的功效是不可小覷的。

Ready

銀魚乾 250 克
香炸花生 100 克

蒜片
乾辣椒
醋
白糖
醬油
食鹽

STEP 01 把銀魚乾清洗乾淨，瀝乾水分備用。

STEP 02 向鍋內倒入適量食用油，油熱後把銀魚乾放入鍋內炸至酥脆，撈出瀝乾油分。

STEP 03 鍋內留少許底油，把蒜片、乾辣椒放入鍋內爆香，之後把醬油、醋、白糖、食鹽放入鍋內，加適量水攪拌均勻煮沸。

STEP 04 湯汁煮沸後把炸好的銀魚乾和香炸花生放入鍋內攪拌均勻就可以出鍋了。

湯汁做的盡可能多一些，因為銀魚乾浸泡湯之後味道會更鮮美。

乾貝

學　　名	乾貝
品相特徵	玉珧、元貝、珧柱、江珧柱
口　　感	短圓柱形，黃色

乾貝是江珧科動物櫛江珧的後閉殼肌乾製而成的，營養極其豐富，可以同海參、鮑魚相媲美。

好乾貝，這樣選

OK 挑選法

☑ 看表皮：表皮顏色為淡黃色，有均勻的光澤

☑ 嚐味道：味道微鹹中帶有絲絲甜味，口感鮮香

☑ 看外形：形狀完整，粗短圓柱形，個頭大小均勻

☑ 看肉質：肉質乾硬，紋理細膩，體側有柱筋，沒有不完整的裂縫

☑ 聞味道：海腥味濃郁

吃不完，這樣保存

在保存乾貝時，把它裝入密封的保鮮盒或儲藏罐內，蓋上蓋子密封好後放到陰涼、低溫、通風處或冰箱冷藏室保存。

這樣吃，安全又健康

清洗

乾貝在食用之前需要清洗，清洗時最好將其放到容器內，注入適量清水輕輕揉搓，把表皮上附著的雜質以及有害物質清洗掉，最後用清水沖洗乾淨即可。

食用禁忌

雖然乾貝的營養含量比較高，但是不能過量食用，因為這樣會影響腸胃功能，造成消化不良。而且它含有的穀氨酸鈉在腸道內會被細菌分解成有毒的物質，這些物質會影響大腦神經細胞的代謝。乾貝不能和香腸一起吃，因為乾貝含有多種胺類物質，這些物質會遇到香腸中的亞硝鹽會轉化成亞硝胺，對身體產生不良影響。痛風者要少吃乾貝。

健康吃法

乾貝在使用之前需要用溫水泡發或者用水和黃酒配合薑片、葱段上火隔水蒸至變軟。正確泡發乾貝的方法：把乾貝上的柱筋以及其他雜質清理掉，用水沖洗乾淨，放入容器內，加入沒過乾貝的清水，調入適量黃酒攪拌均勻後放上葱段和薑片，放到蒸鍋內蒸 2~3 小時，直到變軟即可。

tips

乾貝的功效：

滋陰補腎，和胃調中，軟化血管，降血壓、降膽固醇，預防動脈硬化，抗癌等。

營養成分表（每 100 克含量）

熱量及四大營養元素

熱量（千卡）	脂肪（克）	蛋白質（克）	碳水化合物（克）	膳食纖維（克）
264	2.4	55.6	5.1	-

礦物質元素（無機鹽）				維他命以及其他營養元素			
鈣（毫克）	77	鉀（毫克）	969	維他命 A（微克）	11	維他命 E（毫克）	1.53
鋅（毫克）	5.05	硒（微克）	76.35	維他命 B₁（毫克）	-	菸酸（毫克）	2.5
鐵（毫克）	5.6	鎂（毫克）	106	維他命 B₂（毫克）	0.21	膽固醇（毫克）	348
鈉（毫克）	306.4	銅（毫克）	0.1	維他命 C（毫克）	-	胡蘿蔔素（微克）	-
磷（毫克）	504	錳（毫克）	0.43				

乾貝冬瓜球

美味的乾貝冬瓜球在清熱化痰，滋陰補腎方面有一定的作用。

Ready

冬瓜 500 克
乾貝 50 克

韭菜
蒜
食鹽
生抽
食用油

STEP 01 把乾貝清洗一下，放到清水中泡發，泡發好後再用清水沖洗乾淨，瀝乾水分備用。

STEP 02 把冬瓜去皮去籽，清洗乾淨後用挖球器挖成球形備用。將韭菜擇洗乾淨，切成末備用。把蒜切成片備用。

STEP 03 向鍋內倒入適量食用油，油熱後下蒜爆香，之後倒入冬瓜球翻炒，片刻後倒入生抽以及乾貝翻炒，加入適量清水，蓋上蓋子燜煮 10 分鐘左右。

STEP 04 把韭菜末放入鍋內，調入適量食鹽，攪拌均勻就可以出鍋了。

韭菜比香蔥提鮮的效果好，如果沒有韭菜也可以用香蔥代替。

乾海參

學　　名	海參
品相特徵	刺參、海鼠
口　　感	圓筒狀，外有細密肉刺；有些品種沒有肉刺

乾海參是海參的乾製品。它雖然不如新鮮海參的營養價值高，不過乾製後其營養元素更容易被人體吸收了。

好海參，這樣選

OK 挑選法
☑ 看肉質：整體乾燥，肉質厚，肉刺直挺，嘴巴處石灰質少量，切口整齊
☑ 看雜質：體內雜質較少，體表和體內沒有結晶鹽，沒有木炭粉或草木灰
☑ 看整體：體形完整、端正、豐滿，沒有殘損，個頭大小均勻，重量為 7.5~15 克為佳
☑ 看表皮：表皮黑灰色或者灰色，炭黑色則可能是染色的乾海參
☑ 泡發後：色澤鮮亮，肉質肥厚有彈性，內部沒有硬心，肉質完整

吃不完，這樣保存

在保存乾海參時，可以把它裝入兩層保鮮袋內，同時放入幾瓣蒜，之後把袋口封緊，懸掛到通風、陰涼、避光的地方。這樣能很好地防止乾海參變質、生蟲。

已經泡發好的海參不能長時間放置，一般不要超過 3 天。存放時最好把它浸泡在 0~5℃的冷水中，每天換水 2 次左右。需要注意的是，在保存時儘量不要讓它碰到油，否則會化掉。還可以把泡發好的海參裝入密封袋內，密封好後把它放到冰箱冷凍室保存。最好用容量較小的密封袋單獨包裝。

這樣吃，安全又健康

清洗

海參在食用之前不但需要清洗，還需要泡發。清洗很簡單，只需要用清水將乾海參表面的灰塵沖掉即可。泡發就比較麻煩了，接下來來詳細說一說。

第一步：把清洗乾淨的乾海參放入沒有油的盆子內，倒入清水浸泡 2 天的時間，浸泡期間需要換水 3~4 次。

第二步：用剪刀沿著泡軟的海參的開口處剪開，把沙嘴和牙齒去掉，把內壁上的筋挑斷後，用水把海參內外的沙塵沖洗乾淨。

第三步：把泡軟的海參放入沒有油的鍋內，加入足量的清水，大火煮沸後調成小火煮 1 個小時。關火後蓋上蓋子燜至水自然變涼。如果還有沒有煮軟的，可以再煮 10 分鐘左右。

第四步：把煮軟的海參放入沒有油的盆子內，倒入清水，放入冰箱冷藏室，2 天後就可以享用了。不過在浸泡期間需要每天換水 1 次。

值得注意的是，無論浸泡還是用水煮都不能有油、食鹽、食用鹼等，因為這些物質會阻礙海參吸水，從而影響泡發的質量。

食用禁忌

乾海參雖然含有豐富的營養元素，屬八珍之一，不過並不是所有人都適合吃，像腎功能欠佳的人就不可以大量吃，因為乾海參屬高蛋白的食材，分解後產生的氨基酸多通過腎臟排出體外，大量食用必然會加重腎臟的負擔。另外，在食用海參的時候最好不要吃含有鞣酸的水果，比如山楂、葡萄、柿子等，這是因為海參中的蛋白質遇到鞣酸會凝固，引起消化不良，甚至腹部不適。

健康吃法

乾海參泡發後可以烹飪成不同的美食，不過最好不要深加工，因為深加工會阻礙海參自身營養的釋放。最佳的烹飪方法是水煮、清燉或者涼拌，忌紅燒。在烹飪海參時不要放醋，因為醋會讓海參中膠原蛋白的營養大打折扣。想要吃到美味的海參，又要保證身體健康，那食用的季節要選對，一般春季不適合大量吃海參，因為大量的海參進入體內會導致上火。另外，為了不讓身體上火，食用的量也要控制好，每天 1 隻即可。

tips

乾海參的功效：

促進身體發育，提升免疫力，健腦，美容養顏，消除疲勞，抑制血栓形成和癌細胞生長，降血脂、降血壓、降膽固醇含量，治療前列腺疾病，提升造血功能，預防老年癡呆等。

營養成分表（每 100 克含量）

熱量及四大營養元素

熱量（千卡）	脂肪（克）	蛋白質（克）	碳水化合物（克）	膳食纖維（克）
262	4.8	50.2	4.5	-

礦物質元素（無機鹽）

鈣（毫克）	-	鉀（毫克）	356
鋅（毫克）	2.24	硒（微克）	150
鐵（毫克）	9	鎂（毫克）	1047
鈉（毫克）	4968	銅（毫克）	0.27
磷（毫克）	94	錳（毫克）	0.43

維他命以及其他營養元素

維他命 A（微克）	39	維他命 E（毫克）	-
維他命 B_1（毫克）	0.04	菸酸（毫克）	1.3
維他命 B_2（毫克）	0.13	膽固醇（毫克）	62
維他命 C（毫克）	-	胡蘿蔔素（微克）	-

海參粥

鮮美的海參粥在潤燥、滋陰、補腎方面有一定作用。

Ready

海參 100 克
大米 50 克
上湯一大碗

葱末
薑片
枸杞子
食鹽

水量一定要充足，如果浸泡米的水比較少，那就需要再加入適量水。

 STEP 01 把乾海參清洗乾淨，放入加了薑片的沸水中煮 5 分鐘左右，撈出後瀝乾水分，切成片備用。把大米淘洗乾淨，用清水浸泡 30 分鐘左右。

 STEP 02 向鍋內倒入上湯，把大米和水一起倒入鍋內，用大火煮沸後調成小火熬煮 20 分鐘左右。

 STEP 03 把切好的海參片放入鍋內，再熬煮 5 分鐘左右。

 STEP 04 將枸杞子清洗乾淨，連同葱末一起放入鍋內，熬煮 10 分鐘左右，最後調入適量食鹽攪拌均勻就可以享用了。

魚肚

學　　名	魚肚
別　　名	魚膠、白鰾、花膠、魚鰾
品相特徵	圓形或橢圓形片狀，顏色以淡黃色為主

魚肚其實是魚鰾的乾製品。魚鰾是掌控魚類呼吸和沉浮的重要器官。曬乾後的魚鰾因為含有豐富的膠質，又被稱作"花膠"。

好魚肚，這樣選

OK 挑選法
☑ 掂重量：選擇重量較重的，但是不要選擇中間濕兩邊乾的"花心"魚肚
☑ 看肉質：肉質厚，在陽光下為透明狀，質地潔淨，沒有血筋、雜質等，紋理清晰
☑ 看韌性：質地韌性好，不容易撕開，斷裂的地方多呈纖維狀
☑ 看外形：外形完整，沒有碎屑，邊緣整齊
☑ 看顏色：多為淡黃色或金黃色，自然光澤。發白說明是新魚肚，口感不好
☑ 嚐味道：有魚腥味，不過味道較淡。燉煮後，水不渾濁，黏性比較強

吃不完，這樣保存

魚肚在保存時，要注意防潮和防生蟲。可以把魚肚放入密封的儲藏罐內，再放上一包食品乾燥劑或幾瓣大蒜，最後密封好放到陰涼、通風、乾燥的地方保存。此外，還可以把魚肚裝入保鮮袋內，封緊袋口後放到冰箱冷凍保存。需要注意的是，泡發好的魚肚不能長時間存放，最好儘快食用完畢。

這樣吃，安全又健康

清洗

魚肚在使用之前需要清洗和泡發。清洗比較簡單，只需要把魚肚放入清水中稍微浸泡，然後用手輕輕搓洗一下就可以了。泡發是比較重要的。在泡發前可以先把清洗乾淨的魚肚放入水中浸泡 12 個小時以上，之後再把它放入煮沸的水中燜泡至水冷卻後，用熱水反覆浸泡 2 遍即可。需要注意的是，在用清水浸泡時需要換水，以免魚肚發臭。泡發的容器不能有油，以免影響泡發質量。

食用禁忌

魚肚雖然含有豐富的營養元素，不過並不是所有人都可以吃，像痰多、舌苔比較厚且膩，感冒沒有完全好的人以及食慾不振的人最好都不要吃。

健康吃法

泡發好的魚肚要比乾魚肚重很多倍。這時的魚肚烹飪方法眾多，既可以做成美味的菜餚，也可以用來煲湯，其中以煲湯的食療功效最為顯著，首先把上湯煲好，然後把魚肚放入煮 20 分鐘即可。品質好的魚肚在燉煮較長時間後會慢慢融化，冷卻後又會變成膠質。想要去掉魚肚的腥味，可以把它放入混合了薑、蔥、油、食鹽和料酒的沸水中煮 15 分鐘左右。需要注意的是，在用魚肚煲湯時，最好在鍋底放上一個竹笪，這樣能很好地防止魚肚被燒焦了。

tips

魚肚的功效：

滋陰補腎，美容養顏，強壯身體，抵抗癌症，延緩衰老，促進發育，止血消腫等。

營養成分表（每 100 克含量）

熱量及四大營養元素

熱量（千卡）	脂肪（克）	蛋白質（克）	碳水化合物（克）	膳食纖維（克）
340	0.2	84.4	0.2	-

礦物質元素（無機鹽）

鈣（毫克）	50	鉀（毫克）	-
鋅（毫克）	-	硒（微克）	-
鐵（毫克）	2.6	鎂（毫克）	-
鈉（毫克）	-	銅（毫克）	-
磷（毫克）	29	錳（毫克）	-

維他命以及其他營養元素

維他命 A（微克）	-	維他命 E（毫克）	-
維他命 B₁（毫克）	-	菸酸（毫克）	-
維他命 B₂（毫克）	-	膽固醇（毫克）	-
維他命 C（毫克）	-	胡蘿蔔素（微克）	-

雞腳魚肚湯

味道鮮美的雞腳魚肚湯在滋陰、補氣方面有一定功效。

Ready

雞腳 8 隻
魚肚 150 克
冬菇 6 顆

薑片
食鹽

水一定要足量，因為燉煮的時間比較長，以免糊鍋。

 STEP 01 把魚肚清洗乾淨，放入水中浸泡一晚上泡發，泡軟後清洗一下，切成片備用。

 STEP 02 把雞腳上的趾甲去掉，用水清洗乾淨，放入沸水中焯一下，撇去浮沫後撈出瀝乾水分備用。把冬菇清洗乾淨，切成小塊備用。

 STEP 03 向鍋內注入適量清水，用大火煮沸後把雞腳、魚肚放入鍋內用大火煮沸後調成小火，把冬菇和薑片放入鍋內攪動後熬煮 4 小時。

 STEP 04 關火後，加入適量食鹽調味就可以食用了。

海帶

學　　名	海帶
別　　名	昆布、江白菜、綸布、海昆布、海馬藺、海帶菜、海草
品相特徵	帶狀，褐色
口　　感	微鹹

海帶是生活中最常見的海味蔬菜之一，因其在海水中生長，外形又酷似帶子，所以得此名。常見的海帶多是乾貨，質量也是參差不齊，大家在挑選時一定要認真，這樣才能買到健康、安全的海帶。

購買整捆的乾海帶時，大家一定要打開查看，一定不要被整齊的外表蒙蔽了雙眼。

好海帶，這樣選

NG 挑選法	OK 挑選法
☒ **打開海帶卷，葉片窄且較碎**——質量較次，口感和營養都比較差。	☑ 葉片寬且厚實，表面有一層白霜
☒ **葉片上有孔洞或者大面積破損**——可能是蟲蛀或變質的，不宜選購。	☑ 整捆的乾海帶，泥沙比較少或沒有泥沙
☒ **海帶表面沒有白色粉末或比較少**——陳貨或者變質的，質量較次，最好不買。	☑ 顏色為濃綠色或紫色中稍微有點黃，沒有枯萎的葉子
☒ **顏色黑色，且有枯黃的葉子**——已經變質，屬次品。	☑ 用手摸時，乾燥沒有黏手的感覺
☒ **清洗後水的顏色異常**——已經變質，不能食用。	☑ 整體較為乾淨，葉片上沒有蟲洞或者霉斑

吃不完，這樣保存

乾海帶存儲起來似乎非常容易，其實並非如此，如果存儲的方法不恰當，很容易讓它的營養和口感下降，尤其是在炎熱的夏季。

把曬乾的海帶裝入塑料袋內，紮緊袋口後放到陰涼、通風、乾燥的地方就可以了。只要保證海帶不受潮，可以保存 1 年以上。

保存煮軟的海帶時需要先瀝乾水分，然後裝入保鮮袋內，紮緊袋口放到冰箱冷凍保存即可。食用之前需要再用熱水焯一下。

這樣吃，安全又健康

清洗

從市場上買回的海帶表面有一層白色物質，很多人覺得不乾淨，其實這是一種營養元素，一旦長時間浸泡便會溶於水中。所以在清洗海帶的時候不要將其放到水中長時間浸泡。只需要把海帶放入水中浸泡片刻，用手輕輕搓洗掉表面的沙子，再用清水沖洗乾淨即可。

變軟

乾海帶不能直接食用，需要採取方法使其變軟。下面就來看看海帶變軟的方法：乾海帶在食用之前上鍋蒸 10~15 分鐘，等海帶變軟後再用清水浸泡一晚即可。或者把海帶放入淘米水中浸泡或者在用水煮海帶的時候放上少許食用鹼，變軟後再用涼水浸泡，清洗乾淨就可以了。

健康吃法

海帶中含有多種營養元素的蔬菜，有利尿消腫、祛脂降壓等功效。它富含碘元素，在治療甲狀腺功能低下方面有不錯的效果，很適合 "大頸泡" 的人吃。它含有的甘露醇以及多種礦物質元素在預防心血管疾病、降低血脂和血糖方面有一定的作用。此外，它還具有減少放射性疾病、潤髮、禦寒以及防癌抗癌的作用。不過海帶是一種屬性寒涼的蔬菜，所以不適合脾胃虛寒以及患有腸炎者食用。

tips

海帶的搭配：

海帶＋豆腐——海帶中富含碘元素，豆腐中的營養元素會促進人體吸收碘元素，從而達到預防碘元素缺乏的病症。

營養成分表（每 100 克含量）

熱量及四大營養元素

熱量（千卡）	脂肪（克）	蛋白質（克）	碳水化合物（克）	膳食纖維（克）
77	0.1	1.8	23.4	6.1

礦物質元素（無機鹽）

鈣（毫克）	348
鋅（毫克）	0.65
鐵（毫克）	4.7
鈉（毫克）	327.4
磷（毫克）	52
鉀（毫克）	761
硒（微克）	5.84
鎂（毫克）	129
銅（毫克）	0.14
錳（毫克）	1.14

維他命以及其他營養元素

維他命 A（微克）	40
維他命 B$_1$（毫克）	0.01
維他命 B$_2$（毫克）	0.1
維他命 C（毫克）	-
維他命 E（毫克）	0.85
菸酸（毫克）	0.8
膽固醇（毫克）	-
胡蘿蔔素（微克）	240

薯絲拌海帶

這道美食口感香辣清脆，是補充鈣、鐵以及碘的上好菜餚。

Ready

乾海帶 15 克
馬鈴薯 1 個
紅椒 1 個

醬油
醋
食鹽
辣椒油
白糖

 STEP 01 把乾海帶放入水中浸泡，變軟後清洗乾淨切成絲，並放入沸水中焯一下，撈出瀝乾水分備用。

 STEP 02 把馬鈴薯去掉皮後清洗乾淨切成絲，放入清水中浸泡一會兒，撈出後放入沸水中焯熟，撈出瀝乾水分備用。

 STEP 03 準備一個小碗，放入醬油、醋、白糖、食鹽以及辣椒油，攪拌均勻後備用。

 STEP 04 將焯好的薯絲和海帶絲放入大碗中，倒入調好的調味汁攪拌均勻即可享用。

用清水浸泡薯絲主要是去掉上面的澱粉，使其口感更加清脆。

紫菜

學 名	紫菜
別 名	海苔、紫英、索菜、子菜、紫瑛
品相特徵	紫色，絲帶狀聚合成薄片
口 感	清香的海味

紫菜因其顏色為紫色而得名，它其實是一種在淺海岩礁上生長的紅藻類植物，經過曬乾加工後便成了常見的紫菜乾貨。紫菜味道鮮美，是餐桌上常見的佳餚。

好紫菜，這樣選

NG 挑選法	OK 挑選法
✗ **顏色黃綠色，色澤暗淡，片比較厚**——口感和營養都不好，質量較次。	☑ 整體比較有韌勁，捏一下不會碎掉
✗ **混有雜質或泥沙**——質量較次，不適合選購。	☑ 味道清香，沒有刺鼻的味道，嚐一口鮮而不鹹
✗ **整體不完整，有小洞或缺角**——運輸中保管欠妥當，遭到破壞，質量次。	☑ 顏色以紫色為主，色澤光亮，表面潤滑
✗ **摸上去潮濕或有油膩感**——不新鮮的或是變質的，質量次。	☑ 整體完整，沒有缺角或小洞
✗ **用手捏一下就會碎**——質量比較次，不適合選購。	☑ 片比較薄，沒有雜質或沙子

吃不完，這樣保存

紫菜非常容易受潮，所以在保存時乾燥的環境是不可缺少的條件。一旦受潮，紫菜的口感不但會受到影響，變質的速度也會加快。所以一定要密封保存。

在保存時，可以把乾燥的紫菜裝入密封袋內，密封好後放到陰涼乾燥的地方即可。

這樣吃，安全又健康

清洗

平時，很多人在吃紫菜時很少清洗。如果購買的是包裝好的已加工的，那的確可以不用清洗。如果購買的是散裝的紫菜，那在食用之前最好清洗一下。我們可以把紫菜放入水中泡軟，然後抓起它在水中輕輕搖晃片刻，把紫菜中的沙子清洗掉即可。

健康吃法

紫菜含有豐富的營養元素，有清熱利水、補腎養心、降血糖降血脂等功效。它富含碘元素，在治療因缺碘而引起的甲狀腺腫大方面有很好的作用。它富含的礦物質元素在提升記憶力、治療貧血和促進骨骼、牙齒等發育方面有一定的作用；不僅如此，它還具有預防腫瘤、提升免疫力等方面的作用。雖然它的食療功效非常顯著，不過脾胃虛寒、消化功能欠佳以及腹疼便溏者最好不要大量食用。想要健康吃紫菜，每次食用時不要超過 50 克。每週食用紫菜 2~3 次最有利於人體吸收它的營養元素。

> **紫菜的搭配：**
>
> **紫菜 + 蘿蔔**——紫菜具有止咳化痰的功效，蘿蔔在潤肺除燥方面功效顯著，兩者一起食用具有清除肺熱、治療咳嗽的作用。

營養成分表 （每 100 克含量）

熱量及四大營養元素

熱量（千卡）	脂肪（克）	蛋白質（克）	碳水化合物（克）	膳食纖維（克）
207	1.1	26.7	44.1	21.6

礦物質元素（無機鹽）

鈣（毫克）	264	鉀（毫克）	1796
鋅（毫克）	2.47	硒（微克）	7.22
鐵（毫克）	54.9	鎂（毫克）	350
鈉（毫克）	710.5	銅（毫克）	1.68
磷（毫克）	69	錳（毫克）	4.32

維他命以及其他營養元素

維他命 A（微克）	228	維他命 E（毫克）	1.82
維他命 B$_1$（毫克）	0.27	菸酸（毫克）	7.3
維他命 B$_2$（毫克）	1.02	膽固醇（毫克）	-
維他命 C（毫克）	2	胡蘿蔔素（微克）	1370

美味你來嚐

紫菜蛋花湯

這道美食味道清香，口感清淡，有止咳化痰、潤燥等功效。

Ready

紫菜 10 克
雞蛋 2 隻
蝦皮 10 克

食鹽
香油

向鍋內淋入雞蛋液時，最好讓液體為線狀，這樣出來的蛋花比較好看。

STEP 01 把蝦皮浸泡一下清洗乾淨備用，把雞蛋打散備用。

STEP 02 向鍋內注入適量清水，把清洗乾淨的蝦皮放入鍋內用大火煮沸後煮 5~6 分鐘。

STEP 03 調成小火後，把打散的雞蛋淋入蝦皮湯內。

STEP 04 把紫菜用剪刀剪碎後，放入鍋內，同時加入適量食鹽，攪拌均勻後淋上香油就可以出鍋食用了。

Part 5

調味品
乾貨

花椒

學　　名	花椒
別　　名	青花椒、狗椒、蜀椒、川椒、紅椒、紅花椒
品相特徵	球形，紅色或紫紅色
口　　感	氣味芳香

花椒是一種常用的調味料。它是由植物青椒成熟後的果實的果皮經過乾燥後而製成的。立秋前後是花椒成熟的季節。花椒雖然在烹飪中不能大量使用，不過也是不能缺少的調味品。為了能食用到安全的花椒，大家無論是挑選還是使用都要小心謹慎才可以。

好花椒，這樣選

NG 挑選法	OK 挑選法
☒ **花椒不完整，有破損，摻有雜質**——劣質品，香氣和營養都比較差。	☑ 用手搓花椒後有香氣飄出來
☒ **看上去沒有光澤**——質量較次，最好不要買。	☑ 用水浸泡時，水會變成淺褐色
☒ **有很多花椒籽，開口也比較小**——質量次，不適宜選購。	☑ 抓起來時會發出"沙沙"的響聲，質量比較輕
☒ **用手掂一掂重量比較重，搓一下沒有香氣**——可能用水泡過，劣質品。	☑ 整體比較整潔，雜質較少
☒ **用手捏的時候很難捏碎**——比較潮濕，重量比較重，質量次。	☑ 顏色為紅棕色，有自然的光澤
	☑ 用手摸時乾燥，有扎手的感覺，一捏就碎
	☑ 顆粒飽滿，籽比較少，開口比較大

NG 挑選法	OK 挑選法
☒ 用水浸泡時水會變成紅——質量比較次，不適合選購。	

吃不完，這樣保存

花椒很容易受潮，一旦受潮就會發霉長出白膜甚至變味。所以保存時一定要選擇適合的環境。

恰當的保存方法：把花椒裝入儲藏罐內，蓋上蓋子放到陰涼、通風、乾燥的地方即可。此外，還可以把花椒裝入密封袋內，密封好後放到冰箱冷凍保存。

這樣吃，安全又健康

清洗

花椒作為日常常用的乾貨調味品，在使用之前一般不需要清洗。不過為了身體健康考慮，在使用之前最好用水沖洗一下或用乾淨的濕布擦拭一下。需要注意的是，用多少清洗多少。

健康吃法

花椒的果皮含有大量芳香油，這種物質不但能去除肉的腥味和膻味，還能促進唾液分泌，增加食慾。花椒在降血壓方面也有一定作用。不過花椒屬性熱，所以不適合孕婦和陰虛火旺的人食用。夏季也最好少吃。平日還可以用花椒來驅除蒼蠅和螞蟻等來保存食物。不僅如此，它在治療因熱脹冷縮引起的牙痛方面也有很好的療效。為了讓花椒的功效和香味充分發揮出來，在用油炸花椒時油溫不能太高。在製作美食時，最好把炸好的花椒撈出來後再烹飪。

紫菜的搭配：

花椒的搭配——花椒作為一種調味品，在食物搭配方面沒有特別的禁忌，大家可以放心使用。

營養成分表（每 100 克含量）

熱量及四大營養元素

熱量（千卡）	脂肪（克）	蛋白質（克）	碳水化合物（克）	膳食纖維（克）
258	8.9	6.7	66.7	28.7

礦物質元素（無機鹽）

鈣（毫克）	639
鋅（毫克）	1.9
鐵（毫克）	8.4
鈉（毫克）	47.4
磷（毫克）	69
鉀（毫克）	204
硒（微克）	1.96
鎂（毫克）	111
銅（毫克）	1.02
錳（毫克）	3.33

維他命以及其他營養元素

維他命 A（微克）	23
維他命 B₁（毫克）	0.12
維他命 B₂（毫克）	0.43
維他命 C（毫克）	-
維他命 E（毫克）	2.47
菸酸（毫克）	1.6
膽固醇（毫克）	-
胡蘿蔔素（微克）	140

花椒烤杏仁

這道美食杏仁的香甜加上止瀉止痛的花椒製作成了一道味美的小零食。

Ready

杏仁 250 克
花椒 10 克

食鹽
白糖

STEP 01 把花椒和食鹽放入大盆內，倒入溫水後攪拌均勻。

STEP 02 把杏仁清洗乾淨，瀝乾水分後放入花椒水中浸泡 60~70 分鐘。

STEP 03 把花椒揀出來，把杏仁撈出來瀝乾水分。

STEP 04 把瀝乾水分的杏仁均勻地鋪在烤碟內，撒上適量白糖，放入已經預熱的烤箱內用 170℃ 的溫度烤 15 分鐘左右即可。

在用烤箱烤杏仁的時候，中間要記得翻動一次。

辣椒乾

學　　名	乾辣椒
別　　名	筒筒辣角、乾海椒
品相特徵	紅色或紅棕色，果皮革製
口　　感	辛辣

辣椒乾是紅辣椒經過乾燥後製作而成。它的口感雖然沒有辦法和新鮮的辣椒相匹敵，不過因為它的水分含量低，容  易保存，一直受到人們親睞。如何才能食用到健康的乾辣椒呢，不妨來看看下面這些方面。

市面上常見的辣椒乾有兩種，一種是指天椒（朝天椒），長 3~5 厘米，有乾香的辣味；另一種四川的海椒，水分含量比較低，最容易保存，有濃郁的辣椒香。

好乾辣椒，這樣選

NG 挑選法	OK 挑選法
✗ **整體破碎較多，很多不完整的辣椒**——質量比較差，營養和口感都不好。 ✗ **聞起來有刺鼻的味道**——可能已經破損，最好不要購買。 ✗ **摸上去有潮濕、綿軟的感覺**——可能乾辣椒已經受潮，最好不要購買。	☑ 顏色以暗紅色為主，色澤光亮 ☑ 整體完整，沒有破損，沒有蟲斑 ☑ 聞起來有一股乾香或濃郁的辣味 ☑ 摸上去整體較為乾燥

NG 挑選法	OK 挑選法
☒ **表面有霉斑或蟲斑**——質量較次，不宜購買。 ☒ **顏色為枯黃色，沒有光澤**——劣質品，不適合選購。	

吃不完，這樣保存

辣椒乾在保存過程中最怕受潮，一旦受潮很容易發霉變質。所以在保存乾辣椒時，一定要選擇合適的環境。

可以把買回的辣椒乾裝入密封袋內，密封好後放到陰涼、通風、乾燥的地方即可。如果是自己製作的辣椒乾，那可以把它用線串起來懸掛在乾燥、通風、避雨的地方。

這樣吃，安全又健康

清洗

辣椒乾在製作過程中或多或少都會沾上灰塵或細菌，所以在使用之前一定要清洗一下。清洗並不一定要用水，可以用潮濕乾淨的抹布擦拭，把上面的灰塵擦掉即可。如果一定要用水清洗，那可以把它用清水沖洗一下，晾乾後再使用。

健康吃法

辣椒乾含有多種營養元素，有健胃、促消化，促進血液循環，抗菌，減肥等作用。辣椒乾中含有的辣椒素有抑制胃酸分泌，促進鹼性黏液分泌，從而達到預防和治療胃潰瘍的作用。雖然辣椒乾有不錯的食療功效，不過辣椒乾屬性熱，所以患有咳嗽、眼病以及內火比較旺盛者最好不要吃。

tips

辣椒乾的搭配：

辣椒乾 + 雞蛋——兩者一起食用，能促進身體吸收乾辣椒中含有的維他命。

營養成分表（每 100 克含量）

熱量及四大營養元素

熱量（千卡）	脂肪（克）	蛋白質（克）	碳水化合物（克）	膳食纖維（克）
212	12	15	52.7	41.7

礦物質元素（無機鹽）

鈣（毫克）	12
鋅（毫克）	8.21
鐵（毫克）	6
鈉（毫克）	4
磷（毫克）	298
鉀（毫克）	1085
硒（微克）	-
鎂（毫克）	131
銅（毫克）	0.61
錳（毫克）	11.7

維他命以及其他營養元素

維他命 A（微克）	-
維他命 B$_1$（毫克）	0.53
維他命 B$_2$（毫克）	0.16
維他命 C（毫克）	-
維他命 E（毫克）	8.76
菸酸（毫克）	1.2
膽固醇（毫克）	-
胡蘿蔔素（微克）	-

辣子雞丁

這道美食口味麻辣鮮香能讓人胃口大開，是下飯的佳餚。

Ready

雞腿肉 500 克
青筍 1 條
麻椒 10 克
辣椒乾 10 克

炸好的花生米
蒜
薑
生抽
食鹽
雞精

STEP 01 把雞腿肉清洗乾淨，切成小丁，放入碗中，加入生抽、食鹽以及雞精攪拌均勻醃製片刻。

STEP 02 將辣椒乾用水沖洗一下，瀝乾水分後切成段備用，把青筍清洗乾淨，切成小段備用。將薑和蒜切成片備用。

STEP 03 向鍋內倒入適量食用油，油 8 成熱後下雞腿肉翻炒至金黃，撈出瀝出油備用。

STEP 04 鍋內留少許油，下麻椒、辣椒乾炸一下後，放入薑片和蒜片爆香，之後放入青筍翻炒一下，隨即放入雞塊翻炒，然後下炸好的花生米翻炒，最後放入適量食鹽和雞精調味就可以出鍋了。

在炒雞腿肉時，最好放多點油炸一下，這樣顏色和口感會比較好。

八角茴香

學 名	八角茴香
別 名	舶上茴香、八角珠、八角香、八角大茴、八角、大料、大茴香等
品相特徵	八角形，紅褐色
口 感	香氣濃郁，口感辛甜

八角茴香是八角茴香的果實。作為一種日常生活中不可缺少的調味料，應該怎樣挑選才能買到健康安全的八角茴香呢，應該如何使用才能在保證身體健康的前提下讓它的功效徹底發揮出來呢？想要知道這些，不妨來看看下面的內容。

好八角茴香，這樣選

NG 挑選法	OK 挑選法
☒ **11~12 個莢角，莢果瘦長，尖部向上彎曲**——可能是莽草，有毒，不能食用。	☑ 莢果以 7~10 個莢角為宜，8 角的居多
☒ **聞起來有花露水或者樟腦的味道**——可能是莽草，有毒、不能購買。	☑ 顏色為紅棕色，有自然的光澤，內部顏色比較淺
☒ **嚐起來舌頭有麻麻的感覺**——可能是莽草，有毒，不能購買。	☑ 氣味芳香，濃郁，沒有異味。嚐起來有辛甜味
☒ **顏色比棕紅色淺，甚至呈土黃色**——可能是假八角，不能選購。	☑ 表皮粗糙，上面有凹凸不平的褶皺
☒ **聞起來氣味非常淡**——可能用水浸泡過，質量較次。	☑ 莢角整齊、肥碩，尖部平直，腹部開裂，內有 1 枚種子

吃不完，這樣保存

八角茴香是一種香氣濃郁的調味料，在保存時不但要防止它的香氣溢出，還要防止它受潮。一旦八角茴香受潮變質，最好不要再食用了。

正確的保存方法是：把乾燥質量上乘的八角茴香放入密封的容器內，比如玻璃儲藏瓶內或者塑料容器內，把蓋子蓋好後放到陰涼、乾燥、通風的地方就可以了。

這樣吃，安全又健康

清洗

八角茴香是一種乾燥、香氣濃郁的調味料，為了保證它的香氣能充分發揮出來，在使用之前可以不用清洗。不過為了健康考慮，大家在使用之前還是用清水沖洗一下為好。

健康吃法

八角茴香含有的茴香油具有很強的刺激作用，在促進消化液分泌，提升腸道蠕動以及健胃、緩解疼痛方面有一定的作用。它還在增加白細胞方面有一定的作用，比較適合有白細胞減少症的人食用。此外，八角茴香在驅寒方面也有一定的功效。不僅如此，八角茴香在去腥提香方面也有一定的作用。

tips

八角茴香的搭配：

八角茴香在食用方面沒有特別的禁忌，不過大量食用會對視力造成一定損傷。加之它屬性熱，不適合熱性體質以及老人和孩子大量食用。

為了自身健康著想，每天不要超過 10 克。

營養成分表（每 100 克含量）

熱量及四大營養元素

熱量（千卡）	脂肪（克）	蛋白質（克）	碳水化合物（克）	膳食纖維（克）
195	5.6	3.8	75.4	43

礦物質元素（無機鹽）

鈣（毫克）	41	鉀（毫克）	202
鋅（毫克）	0.62	硒（微克）	3.08
鐵（毫克）	6.3	鎂（毫克）	68
鈉（毫克）	14.7	銅（毫克）	0.63
磷（毫克）	64	錳（毫克）	7.42

維他命以及其他營養元素

維他命 A（微克）	7	維他命 E（毫克）	1.11
維他命 B₁（毫克）	0.12	菸酸（毫克）	0.9
維他命 B₂（毫克）	0.28	膽固醇（毫克）	-
維他命 C（毫克）	-	胡蘿蔔素（微克）	40

八角陳皮酒

具有健脾開胃的陳皮搭配上助消化的八角，是一道不錯的開胃佳品。

Ready

八角 1 把
陳皮 1 個
米酒 250 毫升

 STEP 01 把陳皮和八角沖洗乾淨，晾乾後備用。

 STEP 02 將晾乾的陳皮和八角放入米酒中，蓋上蓋子浸泡 1 個月就可以飲用了。

陳皮和八角清洗後一定要徹底晾乾。

孜然

學　　名	孜然
別　　名	枯茗、孜然芹
品相特徵	同小茴香的種子類似

孜然是孜然芹的果實，經過曬乾後製作而成。它是燒烤食品不能缺少的調味料。為了挑選到健康、安全的孜然，要注意下面幾個細節。

好孜然，這樣選

OK 挑選法
☑ 聞味道：香氣濃郁，沒有異味
☑ 看整體：顆粒飽滿，大小一致，光澤自然，沒有殘缺或雜質
☑ 用水泡：漂浮於水面上，水較為清澈

吃不完，這樣保存

保存時，可以把孜然放到密封的瓶子或者罐子內，蓋上蓋子後放到陰涼、通風、乾燥、避光的地方保存就可以了。採用密封容器既可以防止受潮，也能防止香味揮發。

這樣吃，安全又健康

清洗

如果選購整粒的孜然，那在食用之前就需要去除其中的雜質，用清水反覆淘洗，之後晾乾或烘乾後再使用。

食用禁忌

孜然是一種屬性熱的調味料，所以夏季最好少吃或者不吃，患有便秘、痔瘡者最好不要吃。

健康吃法

孜然是製作肉類美食尤其是羊肉時不可缺少的調味品，因為孜然有去除羊肉膻味的作用。另外，適量的孜然還具有提升食物香氣的功效。想要吃到孜然真正的味道，那建議大家選購孜然粒。

tips

孜然的功效：

祛腥解膩，提升食慾，祛寒除濕，醒腦通脈，理氣止痛，治療胃寒疼痛、腎虛等。

營養成分表（每 100 克含量）

熱量及四大營養元素

熱量（千卡）	脂肪（克）	蛋白質（克）	碳水化合物（克）	膳食纖維（克）
395	37	13.2	2.4	-

礦物質元素（無機鹽）

鈣（毫克）	6	鉀（毫克）	204
鋅（毫克）	2.06	硒（微克）	11.97
鐵（毫克）	1.6	鎂（毫克）	16
鈉（毫克）	59.4	銅（毫克）	0.63
磷（毫克）	162	錳（毫克）	0.03

維他命以及其他營養元素

維他命 A（微克）	18	維他命 E（毫克）	0.35
維他命 B$_1$（毫克）	0.22	葉酸（毫克）	3.5
維他命 B$_2$（毫克）	0.16	膽固醇（毫克）	80
維他命 C（毫克）	-	胡蘿蔔素（微克）	-

孜然馬鈴薯

這道美味的孜然馬鈴薯在健胃和暖胃方面有一定的作用。

Ready

馬鈴薯 2~3 個
孜然粒 3 克或
孜然粉 3 克
黑胡椒粉 3 克

薑末
辣椒粉
食鹽
食用油
芫荽末

STEP 01 把馬鈴薯清洗乾淨，放入小鍋內，倒入沒過馬鈴薯的水量，再放入適量食鹽。

STEP 02 開大火煮沸後調成小火再煮 20 分鐘左右，直到馬鈴薯變軟為止。

STEP 03 把馬鈴薯晾涼後剝掉外皮切成滾刀塊備用。

STEP 04 鍋內倒入適量食用油，油熱後放入孜然粒爆出香味，之後放入切好的馬鈴薯塊翻炒，隨之放入薑末、孜然粉、黑胡椒粉、辣椒粉、食鹽繼續翻炒片刻。

STEP 05 出鍋後撒上芫荽末就可以享用了。

孜然分為孜然粒和孜然粉，選購時建議大家選購孜然粒，回家後自己動手磨製孜然粉，這樣味道會更濃郁。

桂皮

學　　名	桂皮
別　　名	山肉桂、土肉桂、土桂
品相特徵	筒狀，土黃色

桂皮不但是中藥，也是食用香料或者烹飪香料。它是一種很早就被人們使用的香料。在挑選時，從以下幾個方面入手可買到質量上乘的桂皮。

桂皮的種類很多，有桶桂、厚肉桂及薄肉桂。桶桂表皮多為土黃色，常做炒菜的調味品；厚肉桂表皮為紫紅色，薄肉桂表皮多灰色，皮內為紅黃色，兩者多在燉肉時使用。

好桂皮，這樣選

OK 挑選法
☑ 看斷面：用手容易折斷，斷面較平整
☑ 看外形：長度 35 釐米左右，表面密佈細紋，皮裏為棕紅色，有均勻的光澤
☑ 嚐味道：用牙齒咬一下桂皮，味道清香，涼味比較重，還稍微有一些甜
☑ 聞氣味：用手摳表皮時有香氣濃郁的油質滲出來
☑ 聽聲音：質地堅實，折斷時會發出清脆的響聲

吃不完，這樣保存

保存桂皮時，可以把它裝入密封袋內，封緊袋口後放到陰涼、乾燥、通風處保存就可以了。

這樣吃，安全又健康

清洗

一般來說，桂皮在使用之前不需要特別清洗。不過桂皮表面多少會有些灰塵，所以使用之前最好用清水稍微沖洗一下。

食用禁忌

桂皮雖然是常用的香辛調料，不過不要大量且長期食用，因為它含有致癌的黃樟素。它是一種屬性熱的調味料，因此夏季最好不要使用，大便乾燥或患有痔瘡者也不能吃。此外，它還具有活血的作用，所以孕婦最好少吃或不吃。

健康吃法

桂皮是五香粉中重要的成分之一。桂皮是主要的肉類調味品之一，是燉肉中不可缺少的香辛調料之一。在使用桂皮燉肉時，不要放入太多，以免影響菜餚本身所具有的香氣。

tips

桂皮的功效：

祛腥解膩，提升食慾，溫腎壯陽，驅寒止痛、消腫，活血舒筋，預防或延緩 II 型糖尿病等。

營養成分表（每 100 克含量）

熱量及四大營養元素

熱量（千卡）	脂肪（克）	蛋白質（克）	碳水化合物（克）	膳食纖維（克）
199	2.7	11.7	71.5	39.6

礦物質元素（無機鹽）				維他命以及其他營養元素			
鈣（毫克）	88	鉀（毫克）	167	維他命A（微克）	-	維他命E（毫克）	7.9
鋅（毫克）	0.23	硒（微克）	0.8	維他命B₁（毫克）	0.01	菸酸（毫克）	-
鐵（毫克）	0.4	鎂（毫克）	-	維他命B₂（毫克）	0.1	膽固醇（毫克）	-
鈉（毫克）	0.6	銅（毫克）	0.63	維他命C（毫克）	-	胡蘿蔔素（微克）	-
磷（毫克）	1	錳（毫克）	10.81				

桂皮菠蘿汁

具有消滯作用的菠蘿搭配上散瘀消腫的桂皮就製作成了一杯美味的飲品。

Ready

菠蘿 1 個
桂皮
白糖
水適量

STEP 01 把菠蘿去掉外皮，清洗乾淨後切成塊備用。

STEP 02 向鍋內倒入適量清水，把桂皮、切好的菠蘿塊以及白糖放入鍋內。

STEP 03 用大火煮開，之後調成小火熬煮 40 分鐘左右，直到湯汁變濃稠為止。

STEP 04 飲用之前用白開水稀釋就可以了。

肉蔻

學　　名	肉豆蔻
別　　名	肉蔻、肉果、玉果、豆蔻、肉果、頂頭肉
品相特徵	卵圓形或橢圓形

肉蔻是植物肉豆蔻成熟的乾燥種仁，有濃郁的香辛味，是製作美味佳餚常用的香料之一。

好肉蔻，這樣選

OK 挑選法
☑ 看整體：整體完整，個頭大，飽滿，質量上乘
☑ 聞氣味：打開後香氣濃郁，沒有異味
☑ 看重量：選擇質量比較重，質地堅硬者
☑ 看外形：顏色以灰綠色或暗棕色為主，表面分佈著網狀溝紋

吃不完，這樣保存

保存肉蔻時，可以把它裝入保鮮袋內，封緊袋口後放到陰涼、通風、乾燥、避光的地方保存，一定要注意防止它受潮變質。

這樣吃，安全又健康

清洗

肉蔻在使用之前一般不需要特別清洗。它作為一種調味品，在使用之前為了保證乾淨，可以用清水稍微沖洗一下。

食用禁忌

肉蔻不能大量使用，因為它含有一種肉豆蔻醚，此物質會讓大腦興奮或產生幻覺，一旦大量使用便會造成瞳孔放大或昏迷，嚴重者可能導致死亡。

健康吃法

肉蔻作為一種調味品，不但能去掉肉中的異味，還能提升菜餚的香氣。它常被用到醬肉的製作中，不但如此，把它研成粉末後還能用來製作甜點，比如朱古力或布丁等。

tips

肉蔻的功效：

開胃、促進食慾，消除水腫脹痛，抑制或麻醉作用、抵抗炎症等。

營養成分表（每 100 克含量）

熱量及四大營養元素

熱量（千卡）	脂肪（克）	蛋白質（克）	碳水化合物（克）	膳食纖維（克）
465	35.2	8.1	43.3	14.4

礦物質元素（無機鹽）

鈣（毫克）	42	鉀（毫克）	61
鋅（毫克）	1.53	硒（微克）	0.46
鐵（毫克）	1.3	鎂（毫克）	-
鈉（毫克）	25.6	銅（毫克）	1.14
磷（毫克）	26	錳（毫克）	1.09

肉蔻陳皮燉鯽魚

美味的鯽魚加上助消化、開胃的肉蔻，味道更加鮮香了。

Ready

鯽魚 400 克
肉蔻 6 克
陳皮 6 克
延胡索 6 克

薑片
蔥段
醬油
食鹽
白糖

料酒
生粉
油

 把鯽魚殺好，清洗乾淨備用。

 把清洗乾淨的鯽魚放到沸水中焯一下，撈出後瀝乾水分晾涼後備用。

 把肉蔻、陳皮、延胡索放入魚肚內。

 向鍋內倒入適量清水，放入蔥段和薑片後調入醬油、食鹽、白糖、料酒、油，同時放入裝好香料的鯽魚用大火煮沸後調成小火燉出香味，之後調入攪勻後用生粉水勾芡就可以了。

鯽魚放入沸水中稍微焯一下主要是為了去腥。

食鹽

學 名	食鹽
別 名	餐桌鹽、精鹽
品相特徵	白色，顆粒狀晶體
口 感	鹹

食鹽是廚房最為常見的調味料，同時也是人類不能缺少的重要物質之一。食鹽的主要成分是氯化鈉，很多地方會在其中添加一些像碘、鉀、鐵、鋅、硒等元素來彌補當地缺乏此元素的不足，也有低鈉鹽。種類不同食用的人群也不同。大家要根據當地和自身情況選擇合適的食鹽種類。

好食鹽，這樣選

NG 挑選法	OK 挑選法
☒ **顏色淡黃色或暗黑色**——可能是假冒的食鹽，最好不要買。	☑ 顏色潔白，有自然的光澤
☒ **食鹽顆粒大小不一，甚至有雜質**——口感較差，最好不要買。	☑ 食鹽顆粒大小均勻，沒有雜質等
☒ **品嚐時，味道怪異或有臭味**——可能是假食鹽，質量次。	☑ 包裝完整，廠家正規，有防偽標識
☒ **抓一下，感覺潮濕甚至有結塊、黏手的現象**——可能已經變質，最好不要買。	☑ 用手抓時感覺乾燥，鬆散
☒ **把碘鹽撒到馬鈴薯上，馬鈴薯沒有變藍**——假碘鹽，不要購買。	☑ 嚐起來鹹味純正，沒有其他異味

NG 挑選法	OK 挑選法
☒ **包裝上沒有正規生產廠家，也沒有防偽標識**——質量較次，不宜購買。	

吃不完，這樣保存

生活中，很多人喜歡把食鹽放到潤口的容器內，其實這樣的做法並不正確，因為食鹽的吸濕性非常強，長時間暴露在空氣中會讓它結晶，其中含有的碘元素等更容易揮發掉，從而讓碘鹽失去真正的價值。那應該如何保存食鹽呢？

恰當的方法：把食鹽放入塑料容器或者不透明的玻璃、瓷質容器內，把蓋子擰緊後放到陰涼、通風、乾燥、避光的地方即可。需要注意的是，存放食鹽不能使用金屬容器，因為食鹽中的氯化鈉會和金屬發生化學反應，從而腐蝕金屬。另外，一次性不要買太多，吃完再買。

這樣吃，安全又健康

在食用食鹽時，要掌握下面這些正確的使用方法，以免影響食鹽的功效。烹飪菜餚時，最好在出鍋之前放入食鹽調味，不要用熱油炸食鹽，也不要在中途放食鹽，以免破壞食鹽的營養成分。

早上空腹喝一杯淡鹽水，不但能達到清除胃火、消除口臭等作用，還具有改善消化吸收能力、增進食慾和清理腸胃的功效。把食鹽稀釋成濃鹽水塗抹於髮根處能有效防止脫髮。用淡鹽水漱口能達到殺菌、保護咽喉的功效。不僅如此，食鹽還具有美容減脂、預防蛀牙、清除油膩、殺菌防腐等功效。不過，患有高血壓、心血管疾病以及腎臟病者要控制攝入食鹽的量。

營養成分表（每 100 克含量）

熱量及四大營養元素

熱量（千卡）	脂肪（克）	蛋白質（克）	碳水化合物（克）	膳食纖維（克）
-	-	-	-	-

礦物質元素（無機鹽）

鈣（毫克）	22	鉀（毫克）	14
鋅（毫克）	0.24	硒（微克）	1
鐵（毫克）	1	鎂（毫克）	2
鈉（毫克）	39311	銅（毫克）	0.14
磷（毫克）	-	錳（毫克）	0.29

維他命以及其他營養元素

維他命 A（微克）	-	維他命 E（毫克）	-
維他命 B₁（毫克）	-	菸酸（毫克）	-
維他命 B₂（毫克）	-	膽固醇（毫克）	-
維他命 C（毫克）	-	胡蘿蔔素（微克）	-

美味你來嚐

鹽烤花生米

滋養補益的花生米搭配上食鹽製作成了一道美味的小零食。

Ready

花生米 200 克
食鹽 20 克

開水

浸泡花生米的時間不要超過 2 小時，以防花生米脹開。

 STEP 01　把食鹽放入容器內，向容器內倒入開水稀釋好，之後把清洗乾淨的花生米放入鹽水中浸泡 1~2 個小時。

 STEP 02　撈出浸泡好的花生米，瀝乾水分備用。

 STEP 03　把瀝乾水分的花生米鋪到烤盤上，放入預熱 200℃的烤箱內烤 5~10 分鐘，關火後拿出烤盤搖晃，之後再用 120℃烤 5~8 分鐘，拿出晾涼後即可食用。

白糖

學 名	白糖
別 名	白洋糖、綿白糖、白砂糖、糖霜
品相特徵	白色，顆粒狀
口 感	清甜

白糖是取甘蔗或甜菜的汁，經過一系列工藝後製作而成。它是廚房的常客，在烹飪美味，尤其是甜口的菜餚時是不可缺少的。市場上常見的白糖有兩種，一種是白砂糖，另一種是綿白糖。前者顆粒較大，晶面較為明顯，質地堅硬。

後者顆粒較小，質地綿軟，整體較為潤澤。白糖在選購和食用時都要掌握正確的方法，不然很難讓身體吸收到它的營養成分。

好白糖，這樣選

NG 挑選法	OK 挑選法
☒ **色澤暗淡發黃，有結塊**——存放時間太長，可能長了蟎，不要吃。	☑ 顏色潔白，有自然的光澤
☒ **晶體顆粒大小不一，鬆散性差，潮濕**——質量較次，不適合選購。	☑ 晶體顆粒大小均勻，沒有雜質或異物
☒ **聞起來有酸味、酒味或異味**——存放時間太長，可能變質了，不要購買。	☑ 摸上去顆粒鬆散，乾燥，沒有黏手的感覺
☒ **稀釋後溶液中有懸浮物或者沉澱**——質量次，最好不要買。	☑ 包裝完整，廠家正規，生產日期以及成分等清楚明瞭
	☑ 稀釋的溶液清澈，沒有懸浮物或沉澱

NG 挑選法	OK 挑選法
☒ **嚐一下稀釋後的溶液甜味淡甚至有異味**——劣質白糖，不能購買。 ☒ **散裝白糖**——暴露在空氣中容易受到細菌、灰塵的污染，還容易吸收水分，質量較次。	☑ 聞起來有白糖的清甜味，嚐起來甜味純正

吃不完，這樣保存

白糖對環境的要求較為嚴格，存儲環境的濕度不能太大，溫度不能低於 0℃，不能高於 35℃，從這一點就可以推斷出，買回的包裝完整的白糖是不可以放在包裝袋內保存的。那應該如何保存它呢？

恰當的保存方法：把白糖裝入瓷罐或者玻璃瓶內，擰緊蓋子放到陰涼、通風、乾燥、避光的地方保存即可。值得注意的是，在保存時，需要防止老鼠、蒼蠅、蛾子以及蟲子等侵害。另外，在存放白糖的容器旁邊，不要放容易蒸發水分或者味道非常怪異的東西。

這樣吃，安全又健康

健康吃法

白糖含有的營養元素雖然不及紅糖，不過營養功效也較為顯著，有潤肺止咳、滋陰生津、舒緩肝氣等功效。適當吃一些白糖能有效提升人體吸收鈣的效率，為身體提供能量。另外，白糖在促進細胞生長和傷口癒合方面也有一定作用。不過，血糖較高或患有糖尿病者不能吃。

在烹飪酸味的菜餚時，不妨放一些白糖來緩解酸味，讓菜餚更加可口。烹飪時，如果食鹽放多了，可以放一些白糖中和。另外，白糖在烹飪中還具有拔絲、上色、霜化和防腐的功效。

營養成分表 （每 100 克含量）

熱量及四大營養元素

熱量（千卡）	脂肪（克）	蛋白質（克）	碳水化合物（克）	膳食纖維（克）
396	-	0.1	98.9	-

礦物質元素（無機鹽）

鈣（毫克）	6
鋅（毫克）	0.07
鐵（毫克）	0.2
鈉（毫克）	2
磷（毫克）	3
鉀（毫克）	2
硒（微克）	0.38
鎂（毫克）	2
銅（毫克）	0.02
錳（毫克）	0.08

維他命以及其他營養元素

維他命 A（微克）	-
維他命 B₁（毫克）	-
維他命 B₂（毫克）	-
維他命 C（毫克）	-
維他命 E（毫克）	-
菸酸（毫克）	0.2
膽固醇（毫克）	-
胡蘿蔔素（微克）	-

芝麻甜蛋散

潤燥明目的雞蛋和芝麻搭配上潤肺生津的白糖組合成了一道美味的小零食。

Ready

麵粉 220 克
雞蛋 2 隻
白糖 40 克
芝麻 20 克
食鹽 3 克

食用油

STEP 01 把麵粉放入大盆中，把雞蛋液打出放入大盆中，把白糖、芝麻和食鹽一起放入大盆內。

STEP 02 將上述材料和成麵糰，醒發 20 分鐘左右。

STEP 03 把醒發好的麵糰擀成厚 2 毫米的麵皮，之後用刀子切成寬 3 厘米，長 6 厘米的條，再在麵條的中間劃開一道口子。

STEP 04 把麵條的兩端從口子內穿過去就成了蛋散。

STEP 05 向鍋內倒入適量食用油，油六成熱後，把製作好的蛋散放入油鍋內，炸製上色即可。

紅糖

學　　名	紅糖
別　　名	沙糖、赤沙糖、紫沙糖、片黃糖
品相特徵	紅色，顆粒狀晶體
口　　感	甜，有甘蔗汁的清香味

紅糖是甘蔗的莖壓榨出汁液後加工成的紅色晶體。它保留了甘蔗汁的營養成分。常見的紅糖和現在常說的黑糖其實是用相同的方法製作而成的，營養元素也幾乎差不多。

目前市場上紅糖產品的種類有很多，像薑汁紅糖、產婦紅糖等，其中產婦紅糖對產後身體恢復有一定功效，經期紅糖適合女性經期食用。紅糖的種類不同，功效自然也有所不同，大家可以根據自身需要選擇合適的紅糖。

好紅糖，這樣選

NG 挑選法

☒ **散裝紅糖**——容易滋生細菌，受到灰塵污染，質量較次，不宜選購。

☒ **紅糖呈塊狀，有雜質**——口感和營養較差，質量次。

☒ **溶解後水中有懸浮物或沉澱**——質量比較次，不宜選購。

☒ **聞起來有酒味、酸味或者異味**——可能已經變質，無法食用。

☒ **嚐一下有苦味或者其他異味**——質量較差，最好不要購買。

吃不完，這樣保存

紅糖一旦保存方法不恰當，便會結成硬塊，這是因為紅糖中的還原糖和雜質具有很強的吸濕性。所以在保存紅糖時，一定要選擇乾燥、通風的環境。
恰當的保存方法：把紅糖裝入顏色較深的儲藏罐內，蓋上蓋子放到陰涼、通風、乾燥、避光的地方。

一旦紅糖受潮結塊後，不可用錘子等敲碎，這時可以把紅糖放到濕度較高的地方，再在紅糖上蓋上三層乾淨的濕布，讓它通過再次吸收水分鬆散開。另外，我們也可以向保存紅糖的罐子內放蘋果塊或者胡蘿蔔，這樣也能讓它慢慢變軟。

這樣吃，安全又健康

稀釋
紅糖在食用時，需要用開水把它稀釋到一定濃度。

健康吃法
紅糖中含有多種氨基酸以及多糖類物質，能為細胞提供能量，達到補虛的功效，很適合大病初愈、體弱者食用。它含有的葉酸以及微量元素等在加速血液循環、提升身體造血功能、補血活血方面有一定作用，因此適合產後孕婦食用。另外，紅糖還具有美容養顏的功效，因為它含有的纖維素和天然酸類能恢復肌膚彈性，減少皮膚色素堆積。不過，患有糖尿病或血糖較高者最好不要吃紅糖。它也不適合陰虛內熱、消化功能不好者吃。

紅糖屬性溫的調味品，因此夏季要少吃，冬季可以適當多飲用些紅糖水。紅糖水常在產後讓新媽媽飲用，在飲用時大家一定要注意，產後飲用 7~10 天最佳，因為此時它能促進體內惡露排出。一旦超過 10 天就不要飲用了，以免導致惡露排出的時間延長。另外，很多人喜歡生吃紅糖，其實這樣不如把它製作成紅糖水飲用更健康，因為溶解後紅糖的營養元素更容易被人體吸收。

紅糖的搭配：

紅糖＋小米：紅糖含有鐵元素，具有補血、排淤血的作用，小米具有健脾胃和補虛損的作用，兩者一起吃能達到補血補虛的作用。

營養成分表（每 100 克含量）

熱量及四大營養元素

熱量（千卡）	脂肪（克）	蛋白質（克）	碳水化合物（克）	膳食纖維（克）
389	-	0.7	96.6	-

礦物質元素（無機鹽）

鈣（毫克）	157
鋅（毫克）	0.35
鐵（毫克）	2.2
鈉（毫克）	18.3
磷（毫克）	11
鉀（毫克）	240
硒（微克）	4.2
鎂（毫克）	54
銅（毫克）	0.15
錳（毫克）	0.27

維他命以及其他營養元素

維他命 A（微克）	-
維他命 B₁（毫克）	0.01
維他命 B₂（毫克）	-
維他命 C（毫克）	-
維他命 E（毫克）	-
菸酸（毫克）	0.3
膽固醇（毫克）	-
胡蘿蔔素（微克）	-

生薑紅糖水

生薑紅糖水要趁熱飲用，這樣才能達到驅寒暖胃的作用。

Ready

生薑 10 克
紅糖 30 克

水

 STEP 01 生薑去皮後清洗乾淨切成絲備用。

 STEP 02 向鍋內注入適量水，把切好的薑絲放入鍋內，用大火煮沸。

 STEP 03 稍煮片刻後把紅糖倒入鍋內，攪拌均勻再煮 5 分鐘左右即可出鍋飲用了。

如果有咳嗽或者風寒感冒的症狀，那可以加入 3 瓣大蒜。

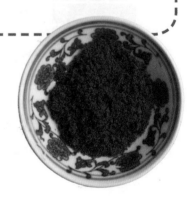

辣椒粉

學　　名	辣椒粉
別　　名	辣椒麵
品相特徵	粉末狀，紅色或紅黃色

辣椒粉是一種用紅黃辣椒以及辣椒籽
碾碎成末後形成的一種混合物。

好辣椒粉，這樣選

OK 挑選法

☑ 看顏色：顏色自然，紅色或紅黃色為主，太過鮮紅說明染過色，不能購買

☑ 嚐一嚐：嚐起來感覺黏度很高或者牙磣，可能摻了粟米粉或者紅磚粉，不宜選購

☑ 聞氣味：聞起來有辣椒獨有的香氣，沒有異味或者豆腥味

☑ 看整體：粉末大小均勻，看上去比較潤澤

☑ 用水泡：放入水中，水一下子變得渾濁且為紅色，說明是染色的，真正的辣椒粉放入水中水不會變成紅色

☑ 看辣椒籽：真正的辣椒粉中，辣椒籽是淡黃色，而不是紅色的

吃不完，這樣保存

保存時，把辣椒粉徹底晾乾，裝入密封袋內，密封好後放到陰涼、通風、乾燥地方即可。在保存過程中要注意防潮。

這樣吃，安全又健康

食用禁忌

辣椒粉是一種味道辛辣，屬性熱的調味品，所以患有火熱病症、陰虛火旺、高血壓和肺結核病者以及患有腸胃疾病、痔瘡者都最好不要吃。另外，為了自身健康，也不能大量食用辣椒粉，因為過多的食用後辣椒素會刺激腸胃黏膜，導致胃疼、腹瀉甚至讓肛門有灼熱刺疼的感覺。

健康吃法

作為辛辣的調味料，一般情況下，辣椒粉不能單獨做菜，可以向美食中加入少許調味。少許辣椒粉和生薑熬湯飲用具有治療風寒感冒的功效，適合消化不良者服用。很多人會利用辣椒粉製作油潑辣子——向辣椒粉中倒入燒熱的食用油攪拌均勻即可。雖然香氣濃郁，讓人垂涎三尺，不過不能大量食用，以免引起身體不適。

辣椒粉的功效：
健脾胃，祛風濕，助消化，提升食慾，解熱止痛，促進脂肪代謝，減肥，防癌變等。

營養成分表（每 100 克含量）

熱量及四大營養元素

熱量（千卡）	脂肪（克）	蛋白質（克）	碳水化合物（克）	膳食纖維（克）
203	9.5	15.2	57.7	43.5

礦物質元素（無機鹽）

鈣（毫克）	146	鉀（毫克）	1358
鋅（毫克）	1.52	硒（微克）	8
鐵（毫克）	20.7	鎂（毫克）	233
鈉（毫克）	100	銅（毫克）	0.95
磷（毫克）	374	錳（毫克）	1.46

維他命以及其他營養元素

維他命 A（微克）	3123	維他命 E（毫克）	15.33
維他命 B₁（毫克）	0.01	菸酸（毫克）	7.6
維他命 B₂（毫克）	0.82	膽固醇（毫克）	-
維他命 C（毫克）	-	胡蘿蔔素（微克）	18740

豆豉香辣醬

香氣濃郁的豆豉香辣醬少量食用具有開胃的功效，不可大量吃，以免導致胃痛等腸胃疾病。

Ready

豆豉 100 克
辣椒粉 60 克
蒜 30 克
花椒 15 克

食鹽
生抽
白糖
食用油

 STEP 01　把豆豉清洗乾淨，瀝乾水分後放入搗盅內。

 STEP 02　把蒜剝掉皮，清洗乾淨瀝乾水分後放入搗盅內。之後把豆豉和蒜搗成泥狀備用。

STEP 03　向鍋內倒入適量食用油，把花椒放入鍋內用小火炸香後撈出來。

 STEP 04　把搗成泥狀的豆豉和蒜放入鍋內，用小火慢慢熬煮。

 STEP 05　熬煮片刻後把辣椒粉放入鍋內，之後放入適量的食鹽、生抽、白糖攪拌均勻再熬煮 5 分鐘左右關火即可。

在製作辣醬的過程中，火不能太大，以小火為主。

胡椒粉

學　　名	胡椒粉
別　　名	古月粉
品相特徵	粉末狀

胡椒粉是由胡椒樹的成熟果實經過碾壓製作而成，分為白胡椒粉和黑胡椒粉兩種。

好辣椒粉，這樣選

OK 挑選法
☑ 看顏色：白胡椒粉多為黃灰色，不是白色，黑胡椒粉多為黑褐色，不是黑色
☑ 用水泡：把胡椒粉放入水中液體上面褐色，下面有棕褐色的顆粒
☑ 用手摸：用手摸粉末，手上不會留下顏色
☑ 看整體：粉末潔淨，均勻，沒有雜質或異物
☑ 聞氣味：有正宗的胡椒香氣，刺激性強，聞到之後很容易打噴嚏
☑ 嚐味道：嚐起來有辛辣味，味道濃

吃不完，這樣保存

保存時，把胡椒粉裝入密封容器內，密封好後放到陰涼、通風、避光、乾燥的地方或冰箱冷藏室保存即可。需要注意的是，因為胡椒粉屬芳香調味料，不能保存太長時間。

這樣吃，安全又健康

食用禁忌

胡椒粉味道辛辣，屬性熱，因此不適合孕婦和患有胃潰瘍、發炎、陰虛火旺以及咳血者食用。另外，一次也不能食用太多，以 0.3~1 克為宜。

健康吃法

胡椒粉作為一種香辛調味料，在使用時不能高溫油炸，最佳的使用方法是佳餚出鍋時添加少許攪拌均勻就可以了。胡椒粉也不能長時間烹飪，因為烹飪時間太長會讓它的香味和辣味揮發掉。胡椒粉的種類不同，作用也不太一樣。白胡椒粉性溫和，比較適合做湯、炒菜和製作包子餃子餡，而黑胡椒香氣濃郁，在燉肉、烹製海鮮類美味時常用，也是西餐中不可缺少的調味品。

tips

胡椒粉的功效：
祛痰下氣，解毒，幫助消化，去腥解油膩等。

營養成分表（每 100 克含量）

熱量及四大營養元素

熱量（千卡）	脂肪（克）	蛋白質（克）	碳水化合物（克）	膳食纖維（克）
357	2.2	9.6	76.9	2.3

礦物質元素（無機鹽）

鈣（毫克）	2	鉀（毫克）	154
鋅（毫克）	1.23	硒（微克）	7.64
鐵（毫克）	9.1	鎂（毫克）	128
鈉（毫克）	4.9	銅（毫克）	0.32
磷（毫克）	172	錳（毫克）	0.79

維他命以及其他營養元素

維他命 A（微克）	10	維他命 E（毫克）	-
維他命 B$_1$（毫克）	0.09	菸酸（毫克）	1.8
維他命 B$_2$（毫克）	0.06	膽固醇（毫克）	-
維他命 C（毫克）	-	胡蘿蔔素（微克）	60

蛋炒飯

潤燥明目的雞蛋搭配上富含多種營養元素的蔬菜和提升食慾的胡椒粉,是一道不錯的美味。

Ready

米飯 500 克
雞蛋 2 隻
青瓜半條
胡蘿蔔半條
青椒 1 個

玉米粒
香蔥
食鹽
胡椒粉
食用油

米飯最好硬一些,這樣放入雞蛋液中攪拌時容易攪拌開。

STEP 01 把青瓜、胡蘿蔔和青椒清洗乾淨,切成小丁備用。把玉米粒清洗乾淨後瀝乾水分備用。把香蔥清洗乾淨,切成末備用。

STEP 02 把雞蛋打入大碗中,攪拌均勻後把米飯放入大碗中攪拌,讓米粒沾上雞蛋液。

STEP 03 鍋內倒入少許油,油熱後下少許香蔥爆香,之後放入青瓜、胡蘿蔔以及青椒丁翻炒,調入食鹽和胡椒粉調味,斷生後即可出鍋。

STEP 04 再向鍋內倒入少許油,油熱後把裹上蛋液的米飯放入鍋內翻炒,等到米粒鬆散開後放入炒好的青瓜、胡蘿蔔以及青椒丁翻炒均勻,出鍋前撒上香蔥再翻炒一下就可以了。

咖喱粉

學　　名	咖喱粉
品相特徵	粉末狀，金黃色

咖喱粉是一種用幾十種香料混合製作而成的調味料，源於印度，是東南亞很多國家不可缺少的調料之一。

咖喱的種類有很多，像日本咖喱、泰國咖喱以及印度咖喱等。不同的咖喱味道也不盡相同。日本咖喱溫和中帶有甜味，泰國咖喱則偏辣，印度咖喱的口感也偏辣，大家可以根據自己的口感選擇不同咖喱。

好咖喱粉，這樣選

OK 挑選法
☑ 看整體：整體潔淨，沒有雜質或其他異物
☑ 看顏色：顏色以金黃色為主
☑ 嚐味道：嚐起來辣中帶甜，沒有其他異味
☑ 聞氣味：有濃郁的香氣，甚至有一股藥味
☑ 看包裝：包裝完整，廠家正規，在保質期範圍內等

吃不完，這樣保存

保存時，把咖喱粉裝入玻璃瓶內，緊蓋瓶口放到陰涼、乾燥、避光的地方或冰箱冷藏室保存。從超市買回的帶有包裝袋的咖喱粉打開包裝後需要用夾子把袋口密封後再保存。

這樣吃，安全又健康

食用禁忌

咖喱粉氣味濃郁，口感辛辣，因此不適合胃炎、胃潰瘍者吃。另外，生病吃藥期間也最好不要吃。

健康吃法

咖喱粉是一種粉末狀調味料，很多人在使用的時候喜歡把它直接加入到菜餚中，其實這樣的做法是不正確的，因為咖喱粉味道辛辣，香氣卻稍微差一些，而藥味比較突出。想要讓它的香氣徹底發揮出來，在使用的時候最好先把它同薑、蒜炒製成咖喱油，這樣藥味減少了，香氣也更加濃郁了。

營養成分表 （每 100 克含量）

熱量及四大營養元素

熱量（千卡）	脂肪（克）	蛋白質（克）	碳水化合物（克）	膳食纖維（克）
415	12.2	13	63.3	36.9

礦物質元素（無機鹽）

鈣（毫克）	540	鉀（毫克）	1700
鋅（毫克）	2.9	硒（微克）	-
鐵（毫克）	28.5	鎂（毫克）	220
鈉（毫克）	40	銅（毫克）	0.8
磷（毫克）	400	錳（毫克）	-

維他命以及其他營養元素

維他命 A（微克）	110
維他命 B_1（毫克）	0.41
維他命 B_2（毫克）	0.25
維他命 C（毫克）	2
維他命 E（毫克）	-
菸酸（毫克）	7
膽固醇（毫克）	-
胡蘿蔔素（微克）	690

咖喱雞

這道美味的咖喱雞能讓人的胃口大開。

Ready

雞塊 500 克
馬鈴薯 2 個
洋蔥半個
咖喱粉 20 克
薑片 2 片

生抽
食鹽
白糖
料酒
食用油

 STEP 01 把雞塊清洗乾淨，放入沸水中焯一下，瀝乾水分後備用。把洋蔥清洗乾淨，切成小塊備用。

 STEP 02 把馬鈴薯清洗乾淨，去皮後切成滾刀塊，放入油鍋內炸至兩面金黃，撈出瀝乾油分。

 STEP 03 鍋內留少許油，放入薑片和洋蔥翻炒，把用水稀釋好的咖喱粉倒入鍋內，隨即放入薯塊和雞塊翻炒均勻，最後調入適量料酒、生抽、食鹽和白糖翻炒。

 STEP 04 向鍋內倒入適量清水，用大火煮沸後調成小火燉煮 30 分鐘左右就可以出鍋享用了。

在燉煮時要翻動兩次，因為咖喱粉中含有澱粉，長時間不動容易黏鍋。

271

乾貨選購食用圖鑑

作者
張召鋒

編輯
師慧青

美術設計 / 排版
Ah Bee

出版者
萬里機構·飲食天地出版社
香港鰂魚涌英皇道 1065 號東達中心 1305 室
電話：2564 7511
傳真：2565 5539
網址：http://www.wanlibk.com
http://www.facebook.com/wanlibk

發行者
香港聯合書刊物流有限公司
香港新界大埔汀麗路 36 號
中華商務印刷大廈 3 字樓
電話：2150 2100
傳真：2407 3062
電郵：info@suplogistics.com.hk

承印者
中華商務彩色印刷有限公司

出版日期
二零一七年一月第一次印刷